How to Fix a Broken Heart

如何治愈受伤的心

[美]盖伊·温奇 | 著　孙婧 | 译
（Dr. Guy Winch）

中信出版集团 | 北京

图书在版编目（CIP）数据

如何治愈受伤的心/（美）盖伊·温奇著；孙婧译. -- 北京：中信出版社，2022.7
书名原文：How to Fix a Broken Heart
ISBN 978-7-5217-4214-5

Ⅰ.①如… Ⅱ.①盖… ②孙… Ⅲ.①情感－通俗读物 Ⅳ.① B842.6-49

中国版本图书馆 CIP 数据核字（2022）第 057379 号

Chinese Simplified Translation
Copyright © 2022 by CITIC PRESS CORPORATION
How to Fix a Broken Heart
Original English Language Edition Copyright © 2018 by Dr. Guy Winch
All Rights Reserved.
Published by arrangement with the original publisher, Simon & Schuster, Inc.
本书仅限中国大陆地区发行销售

如何治愈受伤的心
著者： ［美］盖伊·温奇
译者： 孙婧
出版发行：中信出版集团股份有限公司
（北京市朝阳区惠新东街甲 4 号富盛大厦 2 座 邮编 100029）
承印者： 北京盛通印刷股份有限公司

开本：787mm×1092mm 1/32 印张：4 字数：70 千字
版次：2022 年 7 月第 1 版 印次：2022 年 7 月第 1 次印刷
京权图字：01-2019-6901 书号：ISBN 978-7-5217-4214-5
定价：49.00 元

版权所有·侵权必究
如有印刷、装订问题，本公司负责调换。
服务热线：400-600-8099
投稿邮箱：author@citicpub.com

献给路易丝·希姆龙

在本书中，我运用了自己亲身经历过的很多研究案例。在写作过程中，我尽力隐去任何可以显示某个人身份的信息。所以，书中出现的病人的名字和他们所看重事物（人和动物）的名字都不是真实的。我尝试用实证科学的研究结果来佐证我的论断，这些研究都是以盲审这一专业筛选方式刊登在一流科学刊物上的。

目录

前　言 / III

1　那些令人心碎的时刻 / 1
2　关于悲伤的脑科学 / 29
3　别让情况更恶化了 / 53
4　治愈，从正确认识情感伤痛开始 / 75

后　记 / 99
致　谢 / 107
参考文献 / 109

前言

　　心碎的到来如同飓风。有的时候，我们可以通过发现一些苗头来进行预警。然而，多数情形下它会突然出现，令我们猝不及防。忙碌生活中的一段对话，或者一条短信，都可能导致它的产生。无论是哪一种，当飓风登陆时，都是非常糟糕的体验。飓风击碎了我们的安全感和确定性。寒冷刺骨的雨水淋湿了每一个人，无论是有能力的专业人士，还是尽心尽力的父母，无论是狂热的艺术家，还是喜欢在周末参加派对的人。我们戴着情感的有色眼镜去看待这个世界，担心乌云永不会散去，因而心生恐惧。跟现实中的飓风不同的是，心碎的飓风没有风眼，往往让人没有机会喘息，也没有避风港可躲避。因此我们只能暴露在雨水中，完完全全被浸湿，只能在痛苦中煎熬，直到伤痛离开。

大多数人对这些感受和感知都不陌生。事实上，我们每一个人都会在生命的某个时间点感受到或将要感受到心碎，无论是因为爱情，还是失去心爱的人或物。心碎如此普遍，但需要注意的是，对如何从心碎中康复我们却知之甚少。心碎所导致的精神崩溃我们都深有体会，那么更需要我们注意的是，我们的社会在对待心碎时所表现出的态度却是赤裸裸的不屑一顾。

我们倾向于把心碎与年轻单纯、涉世未深的人，比如未成年人联系在一起，因为他们还没有认识到成年人肩上责任的重量。我们总认为真正的成年人是能够成熟且坚忍地处理好这些状况的，就像他们处理其他挫折或者失望的情绪一样。心碎无非是跟输了一场棒球赛或者把牛奶洒了一样，不是一件值得去哭一哭的事情，没什么大不了的。

但当我们真正遇到心碎的时候，却发现并不是一件这么简单的事。

在那个时候，我们会迅速感受到心碎对成年人的杀伤力和对未成年人的杀伤力是一样的，其所引起的情感伤痛同样会让人无法行动，且在相同程度上损害我们的思维和行动。最终我们还得面对这些现实中的不幸，而相比上中学的未成

前　言

年人所受到的待遇，我们会明显失去他人的理解、支持和关怀。

"心碎"这个词本身的苍白无力，反映出我们从未认真地对待过它。我们所声称的"心碎"，是最爱的球队输掉了一场重要比赛，是失手打碎了从祖母那里继承的水晶花瓶，是最喜爱的小说里的女主角没有如期选择拥有超自然力量的年轻追求者。即使这些事情发生时我们会失望和愤慨，也没有一个人会把这些感觉跟真正心碎时所产生的痛苦混为一谈。

真正心碎的感觉是清晰明显的，从它带来的情感伤痛的激烈度到它占据在我们思想和身体中的空间大小。我们不会想着其他事情，不会感受其他情感，不会关心其他人、其他事。我们经常会沉浸在无边的痛苦、悲伤和失去的情感中。心碎可以呈现不同的形式，在本书里，我选择重点描述两种伤痛，它们彼此有着共同点：失去心爱的恋人和失去心爱的宠物。我这么做的原因是，这些经历里隐藏着一个难题，尤其是对心碎的人来说更为困难：这些经历的出现都伴随着极度的悲伤，但却不被社会重视，人们认为它们跟离婚或者失去直系亲属无法相提并论。因此，我们被剥夺了同等程度上的认可、支持和关怀。

当父母、孩子或者兄弟姐妹去世时，我们总是能够获得来自机构和个体的大力支持与深切同情。当父母去世时，我们会得到雇主的同情和理解，还享有丧假。但是当心爱的狗去世时，我们却不会享受这些权利，即便对一些人来说宠物狗去世的影响和家人去世同样深远。当工作表现不如从前时，更能让老板们接受的原因是在办理离婚，而不是在为一段短暂的爱情伤心，即使那段短暂的爱情如此热烈、如此重要。

让事情更糟糕的是，别人缺乏同理心的态度经常会给我们自身的态度造成影响。很多人忍受着心碎的折磨，却谴责自己会因此受到伤害。我们错误地认为无论如何，我们都应该"保持冷静并坚持住"——应该在精神亮起红灯时正常履行职责。如今新的科学研究证明，心碎会极大且出乎意料地影响我们的大脑和行为，不论年龄。

其中一个不幸的事实是，我们对心碎"自然的"反应通常是害大于利的。我们为应对心碎所特别采取的很多行为和习惯会加深情感伤痛，拖延恢复时间，甚至摧毁长期心理健康。可悲的是，因为这些行为和习惯太过根深蒂固，所以大

前 言

多数人并没有意识到这些行为是什么,怎么去避免和抽离。尽管前面那项研究也介绍了可以加速康复的有效方法,但是大多数人对这些方法却一无所知。

作为一个有超过20年经验的心理学家,我曾近距离接触,更确切地说,帮助过上百个受心碎折磨的人愈合伤口并最终康复。由于我的办公室设立在拥有多元文化的纽约市,所以我的病人来自世界各地,虽然他们所处的年龄阶段不同、性别不同,拥有不同的性格特点,来自不同的种族和文化背景,但是很早以前我就认识到,在如何对待心碎方面,人口差异根本不值一提。文化差异也许可以让外在反应不尽相同,但是内心深处的感受,受到的痛苦和折磨却是一模一样的。

我选择研究这个领域,是因为我迫切想要为他人抚平精神伤痛。在过去我亲眼所见的印象深刻的痛苦绝大多数都跟心碎有关。然而大学所传授给我的关于如何治愈一颗受伤心灵的知识却非常有限。因此,我开始阅读学术期刊去找寻启示和建议。

研究人员已经对心碎进行了多年研究,尽管研究结果运用了许多枯燥晦涩的"学术"词语,但是这些研究的确展现了许多洞察力,并提出了很多方法来帮助精神受伤的人更加快速地恢复。我会把最优质的研究成果呈现在此书中,与此同时,也会给读者讲述一个个故事,里面有需要治疗的病人,有被他们忽略的痛苦挣扎,有我跟他们一起走过的治愈之路。

本书会努力将心碎的人带出阴霾。首先,我们会认识到心碎会给不同年龄的人带来毁灭性影响。其次,我们会得到自愈的有效工具。

如果你的心已经破碎,那么你肯定需要拿出时间治疗。一旦你迅速发现了伤痛,伤口愈合时间就完全取决于你自己。

1 那些令人心碎的时刻

作为一个临床心理学家，我接待过上百个因为失恋和失去宠物而伤心的人。每一个经历过伤痛的人（大部分人都经历过）都会清楚地记得那种感受：震惊，仿佛身处于另一个世界，感觉跟身边的人都失去了联系，身边的人还是过着自己的生活，仿佛什么事情都没有发生过，没有人注意到情感伤痛的大地震已经摧毁自己的世界。

迄今为止，心碎最显著的特点是它所带来的巨大精神伤痛。的确，我们对心碎的理解与它所带来的巨大痛苦紧密相连，"心碎"和"巨大痛苦"是同义词。心碎所讲述的故事就是情感伤痛演绎的童话，二者无法被分割的那部分，就是我们对痛苦的反应和想要康复所做出的努力。

每当病人的心灵遭受痛苦时，我也会感同身受。在面对最原始纯粹的痛苦时，我在日常工作中形成的自我治疗和保护机制往往会溃不成军。也许我默许了自我保护机制的失效——通过这种方式我想让陷入极度悲伤的人明白，我看到了也感受到了他们的痛苦，因为很不幸的是，他们身边的许多人并不会这样做。

心碎这段旅程充满不确定因素：那段感情，所失去的人或事物的种类，每个人的基本性格特征和处理问题的方式，自身和家庭的历史，现阶段的生活环境，成功或失败的治疗方式。最后一个影响愈合的决定性也是最容易让人失望的因素——他人的支持系统，包括朋友、家人、社区、学校和工作伙伴。

支持系统如何让心碎的人失望

对失去心爱宠物的人来说，支持系统对他们的恢复速度起着决定作用。试想一下当我们失去直系亲属时的场景。四处涌来的关心围绕着我们，人们表达着情感上的认同，安慰我们说伤痛是正常、合理的。朋友和家人表达着他们的同情和同理心，有形无形的肩膀随时会让我们依靠哭泣。邻居和社区成员会在我们悲痛到不思饮食时带来食物并进行劝解。雇主会给予我们时间来化解悲痛，提供帮助，许多公司还会提供心理咨询服务来帮助我们度过悲伤期。

然而当我们因为失恋或者失去宠物而悲伤时（不被认为是正式意义上的悲痛），支持系统的反应是截然不同的。我们都看到了，他人的支持是康复的必要因素。我们不仅被剥夺了康复过程中的必要因素，还会面对附加压力，这让情况更加严重，不仅加重了心理痛苦，还令康复之路困难重重。

支持系统如此重要，是因为世界上不存在装满治疗药物的箭矢，在心碎时射上一支就可以痊愈。对心碎关注已有上千年的历史，但是多数人只知道两种治疗方式：社会支持和时间。第一种方式的缺失让我们寄希望于时间，这个因素是人类根本无法控制的，这就是为什么心碎让我们感到如此无助。与此同时，这也是为什么只有少数心碎的人会去寻求专家的帮助。我们认为心理治疗师在这时可以提供的唯一帮助便是支持，然而许多人起初希望从朋友和身边的人那里获得这种支持。

因此，让我并不感到惊讶的是，大多数来治疗的病人一直都在诉说其他问题（所经历过的约会和恋爱），然后在治疗过程中他们的心碰巧痛了。我们在接下来的章节中遇到的病人将会为大家展示不同种类的心碎和经历。他们的故事反映了我们在遇到心碎时的多种反应、我们所犯的导致治疗停滞不前的错误、我们周边支持系统所扮演的角色和我们可以采取的不同治疗方法。

当让人心碎的事情有预兆地慢慢降临时，痛苦是巨大的。但当它没有预兆地搞突然袭击时，痛苦会是摧毁性的。因此，每当遥遥望见心碎将要来势汹汹时，我总会发出警报。有些人会听我发出的警报，但许多人不会听。这是因为热恋用深爱的承诺引诱我们的心，希望和需求的感受太过强烈。有时候，我会因为我的病人猝不及防地被心碎击中而感到震惊。

凯西开始接受心理治疗不是因为心碎，那时她二十多岁。她在美国中西部的一个小镇长大，然后来到纽约读大学，在这座城市里收获了爱情后，她决定留在纽约。作为一个优秀的学生，凯西在毕业之初就被一家公司录取。初见凯西时,她穿着一身清新的长裤套装配一双高跟鞋,干净、得体。她与我握手时的力量表现出她的泰然自若和自信满满,然后她走到沙发前坐下,双腿交叠,两只手放在膝盖上方,没有一丝紧张地向一个陌生人吐露她的故事。

我坐在椅子上听到她用平缓且富有磁性的声音笑着问:"你知道我为什么会来这里吗?"尽管凯西的身体语言传递出她的耐心和自控,但是很显然她迫切希望进入正题。

"请开始吧!"我笑着说。

凯西做了一个深呼吸,并开始讲述。"我曾经是这样的一个人,在中学时开始规划整个人生,把喜欢的婚礼细节做成剪贴簿。"她伸出手指一一列举,"我会上大学然后毕业,找到一份好工作,然后在27岁,最晚不超过28岁时开始跟我未来的丈夫约会。我们会在一年后住在一起,再过一年订婚,然后在30岁前结婚。"她脸上明显的痛苦表情告诉我一切并不如她所想的那样顺利。

"我确实上了大学,也顺利毕业,找到一份好工作,但是当我开始寻找未来的丈夫的时候,我的乳房里出现了一个肿瘤。"

鉴于她还年轻,身体总体状况良好,她的医生建议她使用最有效的化疗，凯西接受了。

"他们告诉我会有副作用，而且事实确实如此。我可以忍受掉头发、糟糕的呕吐感、口腔酸痛，但是全身剧烈的神经痛却很难忍受。"当时回忆起来她仍然心有余悸。她又深呼吸了一口气，镇定了一下，然后开口道："我的朋友和家人真的太好了，他们自始至终帮助我度过了这一切。"

幸运的是，凯西的化疗很成功。她期望着可以回到最初的人生计划，所以她积极地为康复做着努力：吃健康的食物，积极努力运动。她的身体慢慢开始恢复，她的头发重新长了出来，最后她觉得是时候去约会了。在她治疗和康复的过程中，凯西的许多朋友已经订婚，她几乎每个月都要去参加婚礼前的单身派对。她再也不想总是一个人，所以决定开始采取行动。

"我发了一条信息给我所有的朋友，说了几个字——'我准备好了'。"她笑着说，"在接下来的几天我收到了来自各方的相亲邀请。那个时候，我走路都会情不自禁哼唱着那首歌《天上下着男人雨》。我的生活终于回到正轨。两年内，我第一次感受到快乐。"

随后她深深地叹了口气，眼睛渐渐噙满泪水。"上个月我的另一侧乳房也出现了一个肿瘤。"她拭了拭眼泪,"这就是我来到这里的原因。想一想又要重新走一遍,真的是……恐怖……我需要有人支持我走下去。"

凯西已经承受比大多数人都要多的东西,现在她要承受更多。这么年轻却需要承受如此多的东西,真是太不公平了。让我震撼的是凯西无法想象的意志力。尽管两年后她要与癌症进行第二次抗争,但她还是没有失去希望和斗志。她对病痛的反应是明智的、心理健康的,在恶战前,她已经开始接触心理治疗师来强化自己的支持系统。

接下来一年,我见证了凯西与癌症斗争的坚定决心、自尊和强大力量。第二次化疗的副作用一样是巨大的,但是她从没想过要放弃治疗。她的目标很简单,就是病情得到控制并且永不复发。

我欣喜地得知凯西又一次成功了,第二次的化疗效果显著,她的病情得到了控制。尽管这一次花费了比第一次略长的时间来恢复,但是她的身体变得更加强壮了,她的头发又长了出来,伤口也愈合了。她给她的朋友们群发信息"我准备好了"的那一天再次来临。

"于是《天上下着男人雨》的情景重现了。"凯西说。

"赞美上帝！"我用这首歌里的歌词回应着。

几个月后，凯西遇到了瑞奇——一个35岁左右从事股票分析的小伙子，并坠入爱河。瑞奇是凯西的理想型：绅士风度、体贴、可靠。他让凯西感到生命更加完整，他亲吻着她的伤疤并告诉她她是多么迷人，他带她去浪漫的餐厅吃饭，突发奇想地带她到海边玩。凯西从来没有这么开心过。

距他们约会开始六个月后的某一天，凯西笑容灿烂地出现在我的办公室说："好消息！"

我强忍住自己的兴奋之情。瑞奇带凯西去了新英格兰的一家旅店。那时正值秋天，树叶繁茂，正是求婚的完美时间和地点。"什么好消息？"我尽量语气随意地问。

凯西深吸了一口气，然后说："我在Pinterest（拼趣）上开设了一个主页！"

"这真的是……太棒了！"没想到这就是她的好消息，我强挤出来一个笑容。

"噢！你是不是认为……但跟你想的有关系。虽然他还没有向我求婚，但是我们度过了一个非常棒的周末，我感觉他会随时求婚。所以我去了父母家拿回了以前做的婚礼剪贴簿。然后在Pinterest上开辟了有关婚礼的一页！"

这时我才发自内心地笑了。

两周后,瑞奇紧张地邀请凯西吃饭,地点选在了他们最喜欢的一个安静浪漫的餐馆,那里有独立隐私的空间和朦胧昏暗的灯光。在酒水上来后,瑞奇握着凯西的手提出了分手。

瑞奇解释说,虽然他非常关心她,也喜欢和她相处,但是他并没有像凯西爱上他一样爱上凯西。既然他确定凯西不是那个对的人,那么让她知道事实是他觉得唯一对凯西公平的事情。

凯西崩溃了。她的朋友和家人再一次围绕在她的身边来满足她的需求。她太需要他们了。我想我已经见过凯西最为沮丧的时刻,但是这次她的伤痛是深远的。在接下来的几周里她一直在哭,没有办法工作,她经常因为太痛苦了而在黑暗里枯坐几个小时。她频繁地缺失治疗,即便有我的催促,她也无法做到每月一次以上的治疗。

分手是凯西对我和对她的朋友们可以谈论的所有事情。但是由于我与她见面的次数不多,而且时间间隔较长,凯西的朋友们付出了更多的时间来支持她,安慰她,给出建议。几个月后,凯西还是不能从失恋中走出来,她的朋友们开始失去耐心。当我在一个月之后见到凯西时,她的朋友们已经从没有耐心变成沮丧。

这让我觉得悲伤,但是并不感到意外。我已经多次见到这类事情发生。当心碎时,决定他人关爱程度的因素不取决于我们有多痛苦,而是别人觉得我们应该有多痛苦。凯西对于一段恋情的缅怀期显然超过她朋友们可以忍受的期限,失去他们的关爱和支持是一个必然结果。这时凯西遭遇了不耐烦、愤怒甚至愤恨。

在我们为凯西的朋友贴上冷漠的标签前,想一想我们自己是否也曾冷漠过,当我们的朋友或者身边的人的失恋期超过我们主观给出的标准时间长度时,我们是否曾表现出不耐烦。当我们关爱的人正处于刻骨的伤痛之时,陪伴在他们身边是痛苦的。为了提供支持和关爱,我们不得不先把不愉快的情感自我消化并控制(或者我们太专注于自己的情感反应而不会关注他们的反应)。我们假设自己因为给他人提供支持而努力隐藏自己的痛苦情感,那么他们也要用相对等的努力来愈合伤痛,开始新的生活。当发现他们的康复停滞不前时,我们认为(没有意识)他们没有达到他们那部分要求,所以我们也不用强迫自己达到自己那部分要求。因此我们的同理心消失了,愤恨随之而来。

不幸的是,当康复停滞不前时,我们的朋友和所爱之人并不是唯一收回耐心和关爱的。失去社会支持的一个毁灭性的连锁反应是周边人的不耐烦被我们自身潜移默化地认同,从而导致自我关爱的失去。这可谓祸不单行,我们不仅失去了社会支持,还陷入深深的自我谴责。

"我的朋友们是对的",凯西叹着气,"我在一个月前就应该走出失恋的阴霾了,但是我却没有。我不是不知道原因。我仍然爱着他,我仍然思念他。我并不希望自己这样……但是我做不到!"

凯西经历过两次极其痛苦的癌症治疗,从未失去希望和动力。在被癌症折磨的那四年中,她表现出难以想象的意志力。但是失恋后,一些东西阻止了她强大的内在意志力和抗争决心。现在在失去朋友支持的情况下,我很担心她的康复会完全停滞。

凯西的一句话——"我不是不知道原因"——让我产生了兴趣。毕竟,瑞奇已经解释过分手的原因——他关心她,但这不是爱情。显然,凯西拒绝接受这个解释(即使这个解释很合理),她确信这里面有她不知道的原因,并希望找到这个原因，因此不能自拔。我问她是否跟她的朋友们说起过这个问题。

"这就是我总跟他们说的事情。"她回应。

这时我开始理解为什么她的朋友们会失去耐心。制造并不存在的神秘感和阴谋感是失恋的常规反应。我们在心里不自觉地假设我们感受到的痛苦如此之大，这里面一定有与痛苦相匹配的原因，即使事实上什么也没有。她的朋友们接受了瑞奇所说的解释，因此觉得凯西坚持去寻找另一个原因是白费力气且没有意义的。换句话说，他们认为，凯西之所以一直走不出失恋的阴影，是她拒绝接受瑞奇的话，并孜孜不倦地寻找另一个解释，这就是为什么他们收回了同情和关爱之心。

心碎时我们犯的一个最大的错误就是一直嚷嚷着自己认为哪里出了问题，让我们的支持系统超出可以负荷的能力。在心碎最初的一段时间里，这么做是可以被理解的。但是当我们日积月累一直喋喋不休地重复相同的问题——"为什么我不够好""哪里出了问题""为什么他要对我撒谎""为什么他不再爱我"——不再有新的想法产生的时候，即便是最坚固的支持对象，也会变得沮丧。

因此，即使伤痛再深刻，我们也需要留意自己是否给支持系统带来了过重的负担，需要适时让重点倾诉对象"休息一下"。澄清一下，我并不是鼓动大家放弃认同和关爱他人的感情。就像当凯西告诉我她的朋友们不再关心她的时候，我对她所说的那样："你仍旧能获得他们的关心，但是要换一种方式。他们毕竟是爱你和关心你的人，即使这个时候他们已经渐渐失去耐心。我非常确信，如果你暂时跟他们谈论其他一些事情，那么他们会知道你还在受伤，他们会拥抱你、看望你或者握紧你的手来表达关切之情。你只需要敞开胸怀接受他们现阶段可以给予的关心方式。"

凯西听明白了我的劝告并理解了她的朋友们，她甚至还做出了改变来缓和与朋友们的紧张关系。然而，她始终还是无法接受瑞奇的分手理由，仍然感觉到一股强大的引力牵引着自己去解开分手的"真正"原因。她还在心痛，甚至感觉比以前更加孤单，她实实在在地失去了朋友们的明确支持。支持系统对走出阴霾起着至关重要的作用，正因为如此，对那些因失去宠物而心碎的人来说，支持系统的缺失是毁灭性的。

失去最好的朋友和长期陪伴者

本是一家大的出版公司的签约作家,他在45岁左右的时候来找我治疗,那时他的父母刚在六个月内相继去世。本在近40岁的时候离了婚,没有孩子,也没有朋友。父母是他仅有的家人,所以在他们去世后他非常难过,以致陷入了抑郁,不能向公司按时交稿。本所在公司的一位人力资源经理建议他考虑一下去看看心理医生,随后他找到了我。

我为本治疗了几个月。他非常严肃认真地对待治疗,度过了伤痛的最艰难时段,效果很不错。然后他决定休息一下。鉴于他的情绪和工作能力恢复得不错,我支持了他。本承诺他会在需要的时候联络我。

几年过去了。在一个明媚的春天的早晨,我收到了他发给我的一封邮件:

我需要再次见见您,可能您会觉得这次是因为博韦尔,多可笑呀。我知道因为一只狗来看心理医生是一件可笑的事情,但是它生了很重的病,我需要有人聊一聊。我知道这听起来很愚蠢,我也感到很尴尬,但是请麻烦尽快让我知道是否可以约您的时间。

我读完本的这封邮件,开始为他担忧。我清楚地记得本和博韦尔。本是在家办公的,并且一整天都是独自在家的状态,所以离婚后他决定领养一只狗来陪伴他。他领养了一条被救援的小狗,起名为博韦尔,这是一只可爱的拉布拉多和金毛混血犬。博韦尔是本养的第一只狗,第一天本就被博韦尔吸引了。他拿出很多时间陪着他的新伙伴玩耍,并教会了博韦尔很多简单的技能。每次在街区遛狗的时候,本都感到骄傲,博韦尔一直都是狗狗里的焦点,无论走到哪里,都会获得很多粉丝,并得到人们的喜爱,甚至以前认识本的人都开始叫他"博韦尔的老爸"。

在本的父母生病之初,每次去看望他们的时候,本都带着博韦尔,想让它在路上陪着他。当他的父母被送进医院后,每次去陪床时他都会让邻居们帮忙照看博韦尔。当他父母的病情恶化后,本获得了来自老板的体谅和理解,给了他时间去陪伴和照顾他们,在父母去世后老板又给了他时间去缅怀和伤心。

我很想认为心理治疗是本从父母去世阴影里走出来的决

定因素，可惜不是，让本真正康复的是博韦尔。

"它晚上和我睡在一张床上，"本在第一次谈话中告诉我，"它在我工作的时候坐在我的旁边。昨天，我看电视时想起了我的父亲，哭了。直到博韦尔过来舔我的手，我才意识到自己满脸是泪。我知道我伤心时它是知道的，它是多么神奇的一只狗！"

曾经的博韦尔确实是一只神奇的狗。本以前经常带着博韦尔一起来我这里，博韦尔就卧在沙发脚下，把头放在本的脚上。当本开始哭泣时，博韦尔就会起来舔他的手，或者把头放在本的膝盖上，这真的调节了本的情绪，缓和了本的情感伤痛。本和博韦尔之间的联系是强大且无可争辩的。当博韦尔健康堪忧时，我可以想象本是多么心急如焚。

我见到本是在收到邮件的第二天。他单独前来。博韦尔将近15岁了，它聋了，也几乎看不到任何东西，它经常会在陌生的环境中变得焦虑不安。跟本上一次见面后我搬到新的办公室，他觉得最好还是把博韦尔留在家中。本在谈话中显得非常焦虑，我尽己所能安慰他。我们把第二次见面定在下一周。

博韦尔的健康恶化得很严重，本不得不在第二天带它去看兽医。博韦尔一开始恢复了些,但是几天后又恶化了。兽医建议为博韦尔进行手术。本利用他的空闲时间和大部分假期来照顾博韦尔,陪它去看兽医。在博韦尔手术过后的恢复期,本拿出他最后可用的假期来陪伴它。第二天早晨,博韦尔突然休克了。

在已经没有空闲时间和假期可用的情况下,本打电话请了病假,赶紧带博韦尔去了医院。几个小时后,他的老板在打不通座机的情况下打了本的手机,本承认他在宠物医院并解释说他的狗现在情况很糟糕。他的老板为此非常愤怒,坚持让本立刻回去工作,并在时间节点前完成工作。

本别无选择。他把博韦尔留在宠物医院,然后赶回家做他的工作。那天下午,兽医打来电话,博韦尔的情况急转直下。本无暇顾及完不成工作的后果,只想赶到博韦尔身边。当他来到医院后,博韦尔已经失去意识,呼吸也很微弱。本伸出手轻轻地抚摸博韦尔的头,泪水顺着他的脸流了下来。

"随后神奇的事情发生了,"本在第二天下午见面的时候告诉我,"在我抚摸它的时候,它紧闭着双眼。所以我把手放在它的鼻子旁边,这样它就可以通过味道知道身边的人是我,它竟然……舔了我的手。"本呜咽着说:"它知道我在哭,然后舔了我的手,就像它以前一直做的那样。它舔了我的手!然后它就死了。"

每当遇到心碎的病人,我经常会感到伤心,但很少流泪。听本描述着博韦尔生命的最后时刻,我忍不住抽了纸巾。很明显本的损失是巨大的。博韦尔忠诚的陪伴曾帮助他度过了离婚后的孤单,它忠心的付出在本父母去世后安慰了他,它生机勃勃的存在是过去15年里本的精神寄托。博韦尔的死让本的心完完全全破碎了。

但是本没有时间悲伤。

他的老板在第二天早上打电话让本去办公室,对他的旷工给予了正式警告。当本试图解释博韦尔对他的意义时,他的老板翻了一个白眼说:"它只是一只动物!赶紧忘了它!"本试图辩解,想要休几天无薪假期。这时他的老板爆发了:"长大点,本!我六岁的女儿在上周不得不把她的金鱼倒进马桶冲走,你觉得她需要从学校请一周假用来哭泣吗?"

幸运的是,我给本写了一张假条让他有借口可以请几天假。本所在公司的人力资源部门只能接受我的建议,但是他的老板公开声明不同意本休假。在本回去上班后，他的老板分配给他比平时多很多的任务并设置了严格的截止时间。因为害怕失去工作，本只能边流泪边工作。

尽管本的老板不近人情，但是他绝不是不正常的。我们的社会很少认识到失去宠物的创伤有多深重，有多大的影响力，他们很少能够给予失去宠物的人所急需的关爱和理解。意识的缺乏让那些经历痛苦的人更加痛苦，更难从悲痛中恢复过来。

需要说明的是，对失恋或失去宠物的人，许多人（包括老板们）会同情和理解。但是，对于伤痛的程度，以及这些伤痛对正常生活和工作造成的影响却被整个社会低估了。在本失去他的狗狗之后，老板还期待他能够高效地完成工作，这就不是天真，而是愚蠢了。老板强迫本坐在办公桌前工作，但是坐在那里的仅仅是本的身体，他的心却是跟博韦尔在一起的。

更不幸的是，周围人愚蠢的期望和麻木不仁的指责对许多人产生了潜移默化的影响，即使这与我们自身的感受是完全矛盾的。本发给我的那封电子邮件就很好地诠释了这种矛盾。那封邮件充满了犹豫和歉意，不仅因为他担心我会认为他的悲伤不合常理，并且他自己也会对此感到尴尬。失去宠物后的情感伤痛是密集而强烈的，我们却还要在此之上增添难为情或者羞愧的情感，只会加重心痛的感受，为康复添加困难。

这就是在本面前，为什么我会为博韦尔的去世而伤心。对本来说，看到我流泪是非常重要的，他父母去世后我都没有流下眼泪。因此我想告诉他，因为爱犬的去世伤心，既自然，又合理。为了平衡老板对他的悲痛的轻视态度，这段时间内我确保在情感和声音中表现出我的同情与关注。

本花了好几个月才从博韦尔的死亡中恢复过来，比从父母去世中恢复过来的时间要长很多。其中一部分原因是本的父母不是他日常生活的主要参与者。跟博韦尔不一样的是，父母并没有参与本的私人和社交生活。另一部分原因是，本无法在工作中表现出他的悲痛之情，加之老板在此事中所表露的漠不关心的态度，为他的康复之路增添了重重困难。

当心碎时，我们所在的社会拒绝施与我们本应该得到的支持和理解，这时对我们来说很重要的一点是，我们需要拒绝他们传递的信息，并尽可能寻找能够认可我们伤痛的人。其实选择很多，只是我们并没有意识到。本已经失去家人，也没有多少朋友，所以在接下来的几个月中我尽最大努力填补这些空缺。我还建议本加入专门为失去宠物的人提供帮助的群体。这些群体的广泛出现也表明失去宠物的人缺失社会的认同感。我鼓励本联系他在遛狗时认识的一个人，恰好那个人的狗也在最近死了。

博韦尔在过去15年中一直是本忠实的朋友，它渗透了本生活的方方面面。一般来讲，当心碎的事情发生时，越牢固和重要的联系（无论是与宠物，还是与恋爱对象）所能引起的伤痛越深，康复起来也越困难。与其他形式的悲伤相比，心碎的悲伤的不同点是，有时即使是失去一段短暂而浅薄的恋爱，也可以把我们的灵魂推入深渊。

约会的雷区布满破碎的心

劳伦，27岁，有着做精算师和工程师的父母。她来找我是想治疗极度的自卑和严重的社交恐慌。作为一个医科学生，她喜欢用思考和逻辑去做推理，而不会用感情（无论是她自己的，还是其他人的）去行事，她希望与教科书、培养皿为伴，而不是与人为伴。她的性经历仅仅就是大学里经历的几次酒后亲热，现阶段的她感情生活为零。

与许多患有社交恐惧症的人一样，常年的恐惧与逃避扭曲了她的观念，在自我价值和约会成功概率上形成了高度自我批判与过度悲观的信念。与许多极度自卑的人一样，她认为自己非常不吸引人（无论是外表，还是情商）。在最初的治疗里，我有目的地让劳伦把注意力集中在她感兴趣的领域，从而改变她已形成的关于外表和社交欲望的扭曲观点。我的目的是帮助她建立一个更加合理的思维体系，树立她的自尊。

几个月的治疗后，劳伦已经有了很大进步，她的一个朋友最终可以说服她参加一个很流行的相亲聚会。一周后，劳伦宣布她已经计划好毕业后的第一次约会。"我的朋友已经使用交友网站好多年了，"她说，"朋友告诉我第一次约会总是糟糕的体验，远比美好体验的次数多，这是正常的。所以我猜想约会的关键是玩得开心，把心态放平和。"

我很开心听到劳伦说要把期望放低些。她已经好几年没有正式约会了，她的"约会技巧"很可能已经生疏。我建议她想着以前的约会作为"演习"，目的是更适应约会场景。如果能够从以前的情境中唤起什么，那就太好了，但这还是需要一段时间才能够进入状态。拒绝和失望是约会固有的一部分，通过降低劳伦对约会的期望，我希望这些经历不会对她产生重要影响。

第二天，劳伦给我发来了一条令人振奋的消息，她渴望与我分享她多么享受她的约会。她和约会对象喝了几杯，聊了超过三个小时。她感到太开心了。

我们下一场谈话是在两天后，劳伦却一直没有出现。她在前一天晚上给我发了一条短信，跟我道歉，并说她太心烦意乱了，没有办法进行治疗。晚一些时候我发现了原因：劳伦的约会对象已经两天没有联系她，所以她发了信息给他，希望能再次见到他。那个男士几小时后回复了一条很简洁的信息，说他也很享受那次约会，但是不希望以后再见面了。

"我在床上哭了整整三天，"劳伦在我们见面的时候说，在她的脸上还是能够明显看到受伤的痕迹，"我没有去学校，也没有去轮岗，这很糟糕。我真的一团糟！比伤心更糟糕的是我为自己因此而伤心感到羞耻。每个人都警告过我要谨慎，保持冷静，我已经试过了。我的确尝试过！我去约会的时候没抱什么期待，但我还是崩溃了。我是怎么了？为什么就约会了一次我就如此受伤？"

我们总认为失恋所造成的心碎是由巨大、深刻的失去引起的。但是为什么劳伦会在一次约会后就感到如此伤心？为什么她最初把期望放得很低，但还是整整三天都感到极度悲痛？

第一个问题的答案包含了当我们开始或者重新开始约会时许多人都犯过的一个错误。劳伦清楚保持低期待和维护自尊对她来说是重要的，在赴约前她谨慎地设置了低期望值，但是后来她却置之不顾。当约会进行得很顺利的时候，劳伦的期望值迅速提升，为后来的破灭埋下了很大的隐患。

关于第二个问题，让劳伦整整三天足不出户的原因不是她被拒绝了，而是随之而来的羞愧和与世隔绝。她深信朋友们（还有我）会认为她为此受到伤害是可笑和不合理的，她害怕向那些可以安慰支持她的人寻求帮助。她强迫自己与世隔绝，想象着如果对朋友说她有多崩溃后朋友们会嘲笑她的场景，确信不会有人认同她的感受、给予她支持和重要的同情，这些都严重延迟了她的康复。

劳伦的例子绝不是绝无仅有的。我见过大量的病人，他们在一次约会后就感觉受伤了，这种现象在长时间没有约会后又重新开始约会的人群里特别普遍（无论他们是单身，还是结束了一段很长时间的感情)。虽然他们伤心的时间并不长,但却是强烈而痛苦的。不幸的是,几乎每个人都跟劳伦一样感到羞愧和尴尬,这些情感附着于情感伤痛之上,让他们不愿开始下一次约会。

我们的社会剥夺了我们因此而伤心的权利,给愈合心碎带来了很大困难,这已经很不公平了,我们千万不可以再剥夺自己伤心的权利。最糟糕的是我们会被社会这种无根据的主观标准同化,变得自我批评,拒绝自身急需的得到同情和支持的权利。

凯西心碎,是因为那个跟她约会了六个月、她希望嫁给的人跟她分手了。本心碎,是因为陪伴了他 15 年,在他生命中占据重要位置的爱犬去世了。劳伦心碎,是因为第一次约会失败了。他们每个人都碰到了康复途中的绊脚石,但其中一块不应该由他们自己来处置的绊脚石是,身边的人和组织收回了对他们的支持和感情认同,或根本就没有提供支持和感情认同。

大多数文化都有规模很大的缅怀仪式,这是有原因的。当悲伤时,我们需要获得同情、关爱和拥抱。研究悲痛的人员很早就认识到心碎是悲痛的一种形式。但是我们的社会和社会中的很多人并没有这个认知。只有当这些事情发生在自己身上时，他们才会深有体会。

但是为什么心碎不能像其他种类的悲伤一样，获得同等的关心和尊重呢？

社会不重视某些特定种类的心碎的一个主要原因是，人们没有完全理解心碎给我们的意识、身体特别是大脑造成影响的程度。现在，科学家经过几十年的研究，在心碎现象上获得了比以往多得多的知识。当心碎发生时，我们的大脑和身体经历着无意识的和不易察觉的历程，接下来在本书中展示的研究成果已经能够把其中的奥秘剥离出来。正确理解在心碎时，我们身上发生了什么，是康复和开启新生活的关键一步。

2 关于悲伤的脑科学

心碎是一个劫匪。它制造的情感伤痛侵入了我们的思想，劫取了我们的注意力，获得了我们的关注，占据了我们的思维意识。如同黑洞会把每一件东西都吸进去一样，我们失去的人或物就像一个过滤器，让当前我们可以看到的世界和能做的事情都跟心碎有关。情感伤痛是无法避免的，胸闷的感受是如此真实，感觉就像心脏真的破碎了一样。"心碎"这个词的比喻意义有点误导人，加上某个让我们心碎的事件，让我们认为心碎是一个独立的事件和一种具体伤害，看起来治疗很简单。但心碎既不是一种简单的伤害，也不是一个具体的事件，它具有系统性和复杂性。心碎不仅会对我们的思想和情感造成影响，还会对我们的身体、大脑、行为和人际交往造成影响，而且这些影响是深远和令人意外的。

把心碎想得过于简单造成出乎我们意料的后果。除了那颗"心"之外,我们没有清楚理解真正"破碎"了的是什么,所以我们错误地理解、解读并完全忽略了心碎对我们的精神和身体产生的影响。因此我们花了更长的时间去愈合,且愈合还不是完整的。不仅如此,当我们关爱的人心碎时,我们不会对他们产生很多同理心和关爱之情。这也导致心碎的人被社交网络隔绝。

为了可以彻底和快速地愈合伤口,我们必须先要准确领会心碎到底对我们做了什么。首选的部分是我们身体的最上端——大脑。

几年前,密歇根大学的伊森·克罗斯和同事们召集了一些近期经历过失恋痛苦的人。他们使用 fMRI(功能性磁共振成像)仪器来对志愿者们进行测试(设备扫描出大脑血液流动增加的区域,这意味着区域活跃度的增加),他们让志愿者注视着让他们伤心的人的照片,在大脑中回忆分手的场景。扫描仪会收集他们的大脑影像,这些影像会以非常精密、系统、精确的形式呈现出来。

这听上去可能已经很残酷,但是志愿者们的痛苦还没有结束。研究人员想要对比在经历情感剧痛和身体剧痛时,在我们的大脑里都各自发生了什么。然后这些志愿者会再次被 fMRI 仪器扫描。这次研究人员还使用了神经感觉分析仪（一种可以把热量传递给上臂皮肤的机器），每隔七秒钟这个仪器就会把持续增加的热量传递到志愿者的上臂，而且热度会越来越让人不舒服。起初这种热度只会引起轻微的不适，痛感会慢慢上升，直到飙升到八级，因为极限的十级被定义为"不可忍受"的痛。

当科学家们对比这两种脑部扫描图时，他们看到的影像是不可思议的。当志愿者们再次回想起分手的场景时，和当他们遭受到只比"不可忍受"低了两个级别的身体痛苦时，大脑活跃的区域是完全一样的。

让我们把这些发现放在生活当中，想一想当你感到头痛、胃痛或者背痛时，虽然感觉很虚弱，但很少有人觉得这些不舒服所带来的不适是接近于"不可忍受"的。大多数人觉得这些情况下无法有效工作、产出学习成果或完成某些任务，并且为了恢复正常，我们经常会想要躺下来休息或者吃点药。

现在想象一下你正在经历近乎"不可忍受"的痛苦，这时让你来工作、学习或者履行职责。想象在此情形下清晰思考并进行创造性思考、解决问题、发现小细节、操作大型机器甚至撰写很长的电子邮件。实验中这些志愿者只是遭受了几秒钟近乎"不可忍受"的痛苦,然而心碎造成的精神痛苦可以持续几个小时、几天、几个星期甚至几个月。

fMRI 实验只是众多类似实验中的一个,所有实验结果都显示,心碎引发的反应对大脑和身体都会造成重大的认知和行动损伤。在其中一个实验中,志愿者们仅仅是想一想失去重要伴侣的情景就足够暂时降低 IQ(智商),并严重影响他们在逻辑和推理任务中的表现。

现在就很容易理解,为什么凯西作为一个癌症幸存者会很难从一个六个月期的恋爱中恢复过来,并不能理性地接受瑞奇给出的合理的分手理由。也不难理解,本为什么在博韦尔死后很难正常工作。

这是心碎会如此让人崩溃的真正原因。不仅仅是因为我们陷入强烈的情感伤痛,也不仅仅是因为悲痛会导致我们虚弱不堪,还因为我们的痛苦和功能缺损未被意识到或被忽视了。在学习或工作中,我们并不期待正在身体上遭受近乎"不可忍受"痛苦的人能够在这一天中正常履行职能,但是却没有人关注到本正在经历深刻的精神痛苦,也没有人意识到痛苦会给他的工作造成不利影响。

心碎带来的巨大的身体痛苦只是大脑的反应之一，还有另一个隐藏得更深的反应。

你知道你必须面对这一切，你已沉溺于爱情

凯西不能接受瑞奇的分手理由的一个主要原因是，分手前两周他们在新英格兰度过了愉快的周末。凯西坚信那个周末一定发生了什么事让结果偏离了正轨（尽管她觉得一切都很顺利、美好）。她花了几个月时间去拼凑关于那个周末的记忆，一遍遍翻看她拍的每一张照片，查看那个周末三天前后的每一条短信。她完完全全沉迷于此了。

问题是，为什么她不能接受瑞奇的分手理由开始新生活呢？很明显这样会比经历几个月的痛苦好得多。为什么她非得追寻没有结果的答案呢？

活在旧的记忆中，仔细翻看照片是许多人在分手后（或者宠物死后）的最初几个小时、几天甚至是几周里都会做的事情。这些行为冲动经常会随着时间流逝而减弱，并且

在某个时间完全消失。可凯西的冲动并没有消失,尽管这些经历会让她极度痛苦。她会在几分钟甚至几小时中沉浸在那个周末的快乐和浪漫中,但她终究还是要回到分手的痛苦现实之中。

"我感觉像在探测犯罪现场,"凯西在几次治疗中说,"我知道线索就在那里,但我就是不能够把它们拼凑完整。"

凯西的感觉也许像在探测,但是她的比喻是完全错误的。她表现得并不像福尔摩斯,而像一个瘾君子。

对大脑的研究发现爱情会同时激活脑结构(比如腹侧被盖区、尾状核、伏隔核)和神经系统与上瘾紧密相连的区域。当我们因为爱情或痴恋而心碎时,大脑此时的反应跟瘾君子大脑对可卡因或海洛因的反应非常相似。我们把注意力集中在让我们伤心的人身上("毒品"),感到对那个人有强烈的渴望,这种渴望极难被排解、忽略或抚平。失去与那个人的联络(没有得到毒品)让我们不能够集中精力,阻碍了我们的睡眠和食欲,引发了焦虑,让我们变得没有精神、易怒、爱哭泣、抑郁,产生强烈的需要感(孤独),所有这些只有那个让我们心碎的人可以平复,如同可卡因和海洛因。

凯西出现了一个很强烈的症状——"戒断"瑞奇,但是她自己并没有意识到。她对瑞奇和那段感情的渴望非常强烈,她用自己的方式在脑海里给自己"注射毒品"。如果不能获得真正的"海洛因"——与瑞奇在一起,那么她至少可以从与瑞奇在一起时的回忆中获得"美沙酮"(一种镇静剂)。

凯西并没有意识到她的大脑是如何驱动她的行为的,所以她说服自己其中一定有隐情,默认让不断回忆成为她唯一的出路。但是她一直不停地重复回忆那个周末,并不是因为那个周末中有什么糟糕的事情发生了,恰恰相反,而因为那个周末太美好了。在寻找"线索"的掩盖下,通过反复回放那些生动、快乐的画面,她得到了"快感",以此来小口品尝到她迫切想得到的东西——与瑞奇在一起的感觉。

这种类似于"追求快感"的毒瘾行为在心碎时非常普遍,我们会非常老练地捏造借口来获得与我们所渴求的那个人的联系(无论是通过见面的、电子的方式,还是想象的方式)。我曾经治疗过一个女性病人,她的前任总是"想起"他还有东西落在她的公寓里,他需要拿回去。他知道她那里没有门卫,每次她只能亲自拿给他。一开始是一件落在抽屉里的T恤,几天后是一条运动短裤。当她的前任要求拿回落在她壁橱里的一个碎了的盘子时,我的病人与他划清了界限。

当然也有很多人跳过了捏造借口这个步骤，直接沉浸在强烈的冲动中，并没有意识到这样做的目的是得到"快感"，以防止出现戒断反应。我们也许会给他们发很多短信，或通过电话留言提示来聆听他们的声音，或"碰巧"把他们放到一个群组邮件中，或在他们常出没的地方等待并渴望被碰到，或找寻他们的朋友和家人，或不小心"错误地"拨打他们的电话。在社交媒体时代，最常见的可以满足渴求的方式是在网络上跟踪他们。

用手机来进行网络跟踪

戴夫是一位四十多岁的销售经理，已离异。他最初来治疗是想要解决工作中出现的一些问题。几次交谈中，他都会不经意地提及，在与现女友的一次严重争吵后，他用了整晚的时间来浏览大学时交往过的一个女友在社交媒体上的信息和动态。

"不，不，这一点都不好，"在我挑了挑眉后，他对我说，"我对她已经完全没感觉了。这只是压力出现时我的一种反应。"他边说边不屑一顾地挥了挥他的手:"我用假名字注册了一个账号,所以对谁都不会造成伤害。她不知道那是我。"

戴夫与前女友分手已经是二十多年前的事了。这期间他经历了一段11年的婚姻和几段短暂的恋爱。我问他从什么时候开始在网络上跟踪前女友。

"我猜是从我结婚开始,"戴夫说,"和前妻吵完架,我会这么做。你懂的,为了冷静下来。"

根据戴夫所说,他甚至可以几个月都不会想到前女友。但是每隔一段时间,他发现自己会强迫性地沉迷于翻看她在社交媒体上的动态。当我用几个词来描述他的行为时,他否认了。他并不觉得自己是强迫性的,或者并不认为他的行为是无法自拔的。"这只是一种方式来分散注意力,"他坚持这样说,"就像玩爱消除类游戏,只是用一个愚蠢的方式消除压抑的情感。"

"你用了一整夜,"我指出,"这得是多大的负面情绪。你第二天还能上班吗?"戴夫摇了摇头。"在这里,我们一直在讨论工作对你的重要性,"我继续说,"我们可不可以约定,如果你再次冒着不能上班的风险而整夜不睡,那么这么做的冲动必须是非常强烈的？"他同意了。

戴夫的行为提醒我，当人们停止使用让人上瘾的物质后经常会发生什么。一个戒烟成功的人，在几年甚至是几十年内都没有碰过烟，有可能为了应对有压力的情况，产生突然想抽烟的强烈需求。酗酒的人和以前吸毒的人应该都会有类似的猝不及防的强烈渴求感，即使他们已经戒掉多年。

多数以前吸毒的人（包括吸烟者）可以忍受这种精神上的痛苦折磨，是因为他们强烈意识到沉浸其中会有多危险。吸一口烟可以唤起已经戒烟的人对尼古丁的强烈渴求，这种渴求会一直持续几天。一小撮可卡因也会让已经戒毒的人产生相似的反应。但是很少有人意识到，在网络上去翻看多年前令我们伤心之人的动态的沉迷性冲动可以重新唤起我们的"瘾"。我们把自己的行为看成是出于好奇的冲动，并且结果是无害的。同时，我们很可能会忽略的一个事实是，这些网络搜寻行为其实是为了应对心理压力，这些压力可能是困难、孤独和在现有关系中的挫败感。我们不会想到这些行为其实是上瘾后的反应。

冲动是一回事，但网络跟踪如此普遍的原因是我们可以轻而易举地获得爱情的渴求（即使我们并没有认识到这一点）。不管我们在哪里，也不管现在是什么时候，手机总是触手可及，通过网络可以让我们跨越时间和空间的距离，变成那个隐藏在暗处去窥探别人生活的人。谷歌搜索、个人博客、社交媒体和其他网络平台通过文字、照片、视频、未来的全3D浸入式的形式，为人们提供高度私人的甚至私密的信息，为人们创造"虚拟联系"。这种感受如此真实，可以跟真正的联系相媲美。

就像瘾君子迫切希望从电子设备中删除贩毒者的联系方式一样，当我们发现自己重复在网络上窥视别人时，我们需要意识到这是在揭开旧的伤疤（或是新鲜的伤疤，因为网络窥视一般比较频繁地发生在分手初期）。如果想要避免让新的伤口更痛或者让旧的伤口被揭开，那么我们需要剔除需要这么做的选项，不再关注那个人，删掉在社交媒体上的留言和发表的文字。虽然取消关注、屏蔽或者注销账号是一件困难的事，但这是唯一一条可以阻止自己以后再去窥探的保险方式。

当然，删除与前任的联系是远远不够的，因为我们会把更多的时间花在翻看他的朋友和家人的社交活动上，企图从中找到对方新的动态消息和照片。因此，我们只能删除一切通道。虽然听起来很残酷、决绝甚至残忍，但是如果我们严肃地想停止网络跟踪行为，斩断与那个人的情感联系，就必须这么做。

网络跟踪通常会发生在分手之初，戴夫跟他的前女友已经分手多年，所以我很好奇这段感情是怎么结束的。

"那次分手不是一件简单的事，"戴夫告诉我，"她是我的第一个恋人，很多第一次都是跟她一起……她是我的全部。当时她决定在毕业后回加利福尼亚，而且不想要异地恋。我尝试着劝说她至少先试一试，但是没有成功。我曾经真的很爱她……你知道那种感觉……低到了尘埃里。我完全在求她，求她留下来，然后求她尝试异地恋。但是她的态度很坚决。就像我说的，我已经没有尊严，一直在哀求她。但是我越哀求，她就越冷酷。后来我真的生气了。我告诉她，她永远不会找到一个像我这么好的人，她在加利福尼亚永远不会得到幸福。之后她就拒绝跟我讲话了。"

戴夫低垂着双眼讲述着："我当时不能接受这一切都结束了。那对我来说很难，真的很难。我就像一个疯子，前一分钟大喊大叫，下一分钟却哭得像个孩子。"

戴夫的经历是非常典型的，心碎时许多人很难接受分手的现实。这被称为抗议阶段,我们很可能尝试一切方法赢回我们爱的那个人的感情,即使他已经很明确地表示这段感情已经结束。戴夫试图讲道理、说服、激起愧疚感甚至祈求,但最终还是落空了。

当最终认识到我们并不能拯救这段关系时,另一种常见的反应就会被激发:被抛弃的愤怒,特点是在彻底被激怒和完全绝望之间快速转换。在分手后的几天中,戴夫给前女友发了很多条短信,都是言辞激烈的长篇指责,然后哭着道歉,接下来又是新一轮愤怒的指责。

接受分手事实的过程跟接受其他形式的悲痛的过程是不同的。我们并不需要经历悲痛的五个直线性发展过程(从震惊或否认,到生气和愤怒,到祈求,到绝望,最终到接受)。相反,人们常常在否认和绝望、希望和愤怒、无助和狂怒中徘徊,就是这些情感的波动让戴夫看起来像一个疯子。的确,在这些情景中出现的情感波动的弧度非常大,许多心碎的人实际上都在害怕自己疯了,或者向着彻底精神崩溃的方向发展。

尽管心碎可以导致一些人的精神出现崩溃,但是绝大多数人并不会到那种程度。即使我们会有"不在线上"和表现得不像自己的时候，但是随着这些"时候"或"偶然事件"过去，我们会重新找到理智和心智。当心碎了，焦虑和抑郁是一个常见的阶段，睡眠障碍、饮食不调或者不受控制的冲动同样也是一个常见的阶段。但是这两个阶段通常不会出现完全失去理智或者需要到精神科治疗的情况。

然而，害怕自己变成疯子的恐惧的确会是一个问题，不过不是因为很可能会真的变疯（重申一下，不会），而是因为这种担忧会给已经超负荷的反应机制添加巨大的压力和痛苦。会有发展成其他一系列精神性病症的风险，可能会有轻度的精神崩溃，会让人极其不舒服，是具有破坏性的，甚至会产生恐惧。

心碎会给大脑、思维和身体带来压力

戴夫前女友离开的日子越来越近，他越来越担心自己的精神状况会愈加恶化。他觉得每一次不符合自己个性的愤怒和哭泣都会让他越来越接近精神病人。

戴夫的朋友也在为他担心。他们从来没有见过戴夫出现这些行为，更重要的是，他们中没有人经历过这么严重的心

2 关于悲伤的脑科学

碎。因此，他们没有任何可以参考的例子来判断戴夫是否正常。因此，他们决定出面解决戴夫心理上的问题，他们用了一个许多年轻人都喜欢用的治疗心碎的方法——龙舌兰酒。

"我前女友回加利福尼亚的那晚，我的朋友们告诉我他们要带我去喝酒，"戴夫说，"我觉得这个主意不错。我乘坐地铁去我的朋友安迪家。当准备换乘的时候我感到胸腔开始收紧。这种感觉出现得很快。每一次呼吸都是疼的，我开始呼吸不到足够的空气。我发现自己心脏病发作了。"

戴夫认为我会反驳他，所以他迅速举手阻止我，即使我连动都没动。他说："我知道，医生。我那时是一个健康的22岁的青年，不会犯心脏病，但那时的感觉就像是心脏病。我想自己快死了！"

戴夫最后来到安迪的公寓。当安迪在门口楼梯上看到戴夫的时候，戴夫的脸很苍白，呼吸急促，紧紧抓着胸口。安迪赶紧把他送到急诊室。戴夫被紧急送进病房并做了心脏检查。医生后来出示了诊断结果，戴夫没有心脏病，而是患了恐慌症。

恐慌症可以导致呼吸变弱，造成胸口发紧的感觉，让人有厄运降临之感，这就是为什么许多被送入急救室的人会认为自己患了心脏病。出现恐慌症并不用恐慌，跟心脏病相比，它并不会给我们的长期健康和寿命造成很大影响。

然而戴夫的担心也不是完全错误的。实际上，心碎在少数情况下可以造成心力衰竭。对某些人来说，心碎综合征是由于分手的压力和伤痛太过巨大而导致的心脏畸形，症状是巨大的胸口疼痛、痉挛、去甲肾上腺素和肾上腺素（与极大压力相关的应激激素）上升到正常水平的30倍。然而尽管与心脏病的症状相似，但是并没有证据显示患了心碎综合征的病人会出现动脉阻塞或者不可逆转的心脏损害，他们恢复的速度会比一个真正的心脏病人要快。

得知自己并没有得心脏病，戴夫如释重负，但是这件事更让他觉得他正处在发疯的边缘，这给他增加了很多的压力。心碎可以让身体出现应激模式，引发对压力的反应——在身体里产生皮质醇（压力激素）。压力，尤其是持续遭受压力的时候，会给身体带来一系列损害。

皮质醇会让免疫系统不能有效工作。这导致我们的身体不能抵御疾病，不能从疾病中恢复过来。确实如此，研究发现，压力是与被抑制的免疫系统功能相关的。这就是为什么当面对巨大压力的时候，我们会感到"没有气力"，会感冒或发烧，因为我们的免疫系统并没有有效工作。慢性压力也会对心血管功能和消化功能产生影响，导致心脏病、肥胖和二型糖尿病。

压力还会给应激机制造成负担，因此降低心理"临界值"，以致我们平时可以摆脱的轻度沮丧、恼怒或者失望会戳穿我们应激机制的外壳，引起更大的悲伤和反应。我们会在某个早上打开冰箱的时候因发现没有牛奶了而流泪，在某个下雨天忘记带雨伞而沮丧地尖叫，或者是因为与朋友或家人之间的一点小冲突而感到极其恼怒。这确实让戴夫花了几个月的时间才从分手中走出来，他感到虚弱、无精打采、头痛、胃疼和上呼吸道不适。

当处于心灵受伤期时，我们会发现自己的思维和行为都处于不正常状态（相对自己平时而言），并且担心自己已经失去理智，我们需要做的是提醒自己这些不受控制、波动的情感并不是精神崩溃的信号，而是对巨大精神痛苦的反应。我们需要安慰自己，自己并没有变成疯子，并提醒自己一旦精神痛苦减轻，自己的行为会变得正常，这样可以帮助我们从已存在的精神和身体的过度压力中消除至少一个层面的压力（"我要疯了吗"这个层面）。

尽管那场分手是非常痛苦和困难的,也曾非常担心自己失去理智,但是戴夫真的认为他已经放下大学时期的女朋友,并且开始了新的生活。但是从他的许多方面来看,虽然心碎造成的伤口已经愈合,但情感和心理上的脆弱仍可能存在。戴夫开始网络窥视行为的动机可能很单纯,但随着这种行为年复一年不断重复,他在不经意间重新揭开了旧的伤疤。为了抚平这些伤疤,他首先要接受的事实是——在这几十年中他对大学时期的恋人仍然不能忘怀。

关于悲伤的研究结果表明,很多人对心碎的反应怀有灾难性的负面态度,认为是自身的性格或心理健康程度引起了糟糕的或不完整的康复结果。为了给戴夫建立一个框架让他理解为什么这么多年后自己仍旧想着前女友,我决定跟他讨论一下这些研究结果。当我暗示他对当初的分手仍怀有未化解的悲伤时,他表现得很生气。

"未化解的悲伤?对我的前女友?对她我没有未化解的悲伤!"他坚持道,"对她我没有任何悲伤。我告诉过你,我已经放下她了。"

"可是你会花费很多时间在网络上跟踪她。"

"我不喜欢这个词。"戴夫反对说。

"窥视她。"

"听起来更糟糕。"戴夫回复。

"暗中调查听上去怎么样?"

"好吧!"戴夫让了一步,"就说我在网络上跟踪她吧。对她我仍然没有感到悲伤。"

"好,你没有感到悲伤,"我赞同了他,"但是在看到她的照片和视频时你有什么感觉?"戴夫耸了耸肩,我继续说:"你是说,你已经没有一点情感反应了吗?心不会像掐着一样痛,肠子不会绞痛,也没有遭受渴望之痛?"

第一次我看到戴夫犹豫着仔细思考了当时的感受。"没有掐和绞的感觉,但是会有一种痛。"他终于承认了。

"这里有一种情感伤疤没有完全愈合,"我说,"我不是说这是一个巨大的伤疤,也不是说它不能愈合。但是在网络上偷偷跟踪她会让伤口一直鲜血淋漓,并且这不是唯一一个伤害你的方式。"我补充道。

戴夫仰起头:"这是什么意思?"

"网络跟踪本身是有问题的,但当你因为现女友感到沮丧或者心烦意乱时,选择这么做会产生更大的问题。你利用前女友作为逃避自己情感的借口,而不是把努力用在解决你现有关系的问题上。"

因为距离戴夫那次分手已经过去很多年，通常来讲，他消极的认知已经比当时减弱很多。随着我们谈话内容的推进，他认识到这是自己处理现有感情问题的行为方式。当与现女友产生矛盾时，网络尾随前女友是他在情感上隔离自己和现女友的方式——一种无意识的方式来保护自己不再受到分手伤害。

当我们发现自己开始在脑海中（或在电子设备中）回顾以前的感情经历时，尤其是以分手为结局的过去时，我们应该好好反思一下现有的恋情。当我们"突然地"或者"碰巧地"想念前任并决定去查找其踪迹时，大部分情况并不是"突然地"或"碰巧地"发生。这通常是对现状的一种反应，更具体来说是对现有恋爱关系的反应。健康并有成效的反应应该是分辨出现阶段困扰我们的真正原因，从而和现在的恋人一起解决它，而不是把现有的糟糕感受归咎于过去的人。

我和戴夫又一起努力了几个月，在这期间他关闭了小号，发誓不再用任何一种方式跟踪前女友。随后我们开始把注意力放在如何用适合他的方式来解决与现女友的冲突上。几个月过后，戴夫的女友搬过去与戴夫同居了。

心碎会以直接、实在且不幸的方式影响我们的思维、大脑和身体。可悲的是,我们总是站在不利的地形上面对这些攻击,不知不觉让事情变得更糟。在接下来的章节中,我们会看到,为了从心碎中康复,我们首先要做的是停止让事情变得更糟糕的行为。

3 别让情况更恶化了

如果世界上存在精神开关，心碎时只需要一按就可以停止痛苦和悲伤，那么我们都会去按一按。但是，这样的开关不存在。不幸的是，那些存在的是情感开关，它们会让我们感到更糟糕，加深我们的悲痛，并拖累我们的康复期。虽然是无意的，但我们总是一直在按那些不好的开关。

也许，有关心碎的最不幸的一个事实是，当悲痛到达最深处时，本能总是驱使我们偏离正轨，我们很可能会采取在当时感到非常"正确"的想法和行为，但实际上它们却会对心理造成巨大的破坏。

获得解脱的重要性

凯西的男朋友瑞奇在一个浪漫周末后与她分手了,凯西花了数不清的时间来分析旅行中的每一个细节,坚信一定有什么事情导致了分手。旅途的画面总是闯入她的脑海,凯西追随着这些不速之客,希望它们可以带她找到关键线索。

然而凯西所有的探寻是建立在两个错误的猜想之上的。第一个,她猜想一些关键的事情在那个周末发生了,这些事情导致瑞奇在两周后向她提出分手。其实,瑞奇已经解释分手的原因,这些原因不仅解释了这段关系,也表明了瑞奇的人品。

尽管分手是痛苦的,但凯西依然承认瑞奇是一个好人。她和朋友们经常会聊到的是,瑞奇是一个非常好且正派的人。那六个月的约会中,他一直不停地表现自己的同理心和关爱。他的善良甚至体现在怎样与凯西分手上。

瑞奇解释他是真心喜欢凯西并且关心她,强调他真的很享受她的陪伴(这是他享受那个美好周末的原因)。但是跟凯西约会了六个月之后,他的感情没有发展到下一步。虽然他很喜欢凯西,但那不是爱情。他曾努力想要让这段关系有

3 别让情况更恶化了

一个美好的结局,所以他提出建议去新英格兰过一个浪漫的周末,借此机会看看他对凯西的感情是否可以升华成爱情。当意识到他的感情还是没有改变后,他立刻让凯西知晓了。他清楚地知道凯西遭遇过肉体上的折磨,拖延分手只会让她在未来更加痛苦。

换句话来说,这里面没有隐情。那个浪漫的周末没有发生让瑞奇对这段关系感到厌烦的事情。相反,因为没有"足够"的事情发生,所以瑞奇的感情没有发生变化。他们两个都各自度过了美妙的时光,但瑞奇只是简单地跨不进爱情那扇门而已。

凯西的第二个假设更有问题。她认为那个周末发生的所有错误都一定是她自己造成的。感到自己要为恋爱关系的终结而负责,但是并不知道自己到底做了什么而导致了这样的结果,这只会让她更想要找寻答案。

拒绝接受瑞奇完全合理和符合逻辑的分手解释是凯西犯的一个巨大的错误,这是拖累她康复的一个重大阻碍。对分手的研究发现了大量的因素,指示着健康的情感调整和及时的心理愈合。其中一个可以让我们忘记过去、开始新生活的主要因素是获得清晰的分手原因。对事情的结局有一个清楚的认识会帮助我们快速获得解脱。如果凯西当初完全接受了瑞奇的解释，那么她不用在几个月中反复进行情感分析，也不会遭受强烈和长时间的情感折磨。

认为自己做错了事情这一想法所带来的危险

无意识地加诸自己的心理破坏不仅延长了凯西的康复期，认为自己做错了什么事而导致分手结局，更让她一直深陷在失去后的萎靡不振中。六个月过去了，悲痛的感觉仍然没有消失，这是失去和心碎已经发展到一个不正常阶段的信号，叫作"复杂哀伤"。

复杂哀伤（有时也被称为持久复杂的居丧失调症）展示了"负面认知"所扮演的关键和摧毁性角色。负面认知是不准确的想法或者信念，会产生不好的自我感觉，阻止我们的生活向着更好的方向发展。从心理学上讲，负面认知有三个主要特征：第一，自我批判、有害和有局限性；第二，从某些角度来说，是不准确的；第三，最能引起问题的，却被我们选择相信是正确的。事实上，在很多情况下，我们从来没有想过质疑负面认知的真实性和合理性。我们总是认为它们就是事实。

负面认知绝不罕见，因为人们通常都会有一些负面认知，即使它们以温和的形式存在。这些错误的信念通常与自卑、抑郁、焦虑，当然还有心碎和悲痛紧密共存。发现和分析病人的负面认知是很多种心理治疗都会采取的方式，因为它十分有效。负面认知有很多种形式，有一些比其他的更具有摧毁性，会发展成复杂哀伤。其中之一就是过度的自我谴责。

凯西认为自己犯了什么关键错误导致了分手。她完全没有意识到这种假设是完全错误的，所以她没有想到这给她的康复带来了多大的破坏，并增加了发展成抑郁和焦虑的风险。

在失去心爱宠物的情形中，自我谴责也是很普遍的，同样具有破坏性。我们会斥责自己没有及时发现不对的地方，比如把笼子的门或窗打开了，没有把院子的门及时关上，没有提前想到在安静的街区也会发生车祸，没有拉紧绳子，没有意识到它们吃了什么有害的东西，没有在它们生命的最后时刻陪伴在它们身边，或者没有在它们活着的时候给予它们足够的感谢。

仅仅是存在这种想法并不能自动发展为复杂哀伤。心碎时我们会谴责自己是常见的现象，但重点是我们自己会允许这种感受存在多久。当走过悲伤阶段后，大部分人会自然地放下内疚和后悔。

另一个与复杂哀伤相关的负面认知是对"自己"怀有极端的负面信念。劳伦，有社交焦虑的医学学生，在约会被拒后哭了好几天。在她看来，这个拒绝加重了长期以来她对自己外表的不自信。大多数人都会在被拒绝后关注自己的缺点，但是过分且摧毁性的关注会造成问题。类似于"我希望自己能更漂亮一点"或"我不喜欢我笑时的样子"的想法是负面的，也是常见的，但是如果我们把劳伦的想法用言语表达出来，就是"没有一个男人想要我"和"我会永远孤单"。

因为劳伦这些不健康的认知在被拒绝后立马表现出来，所以她绝不会产生复杂哀伤。但是如果她不开始质疑那些负面的自我认知，那么很可能她会产生其他心理疾病。

尽管有这些负面认知存在，但劳伦也不能否认一个客观事实。她把自己的照片放到交友网站后，不到一周就收到了一个约会邀请。据她自己承认，有12个男性联系了她。当我向她指出这一点时,她没有认同并坚持说她不会跟他们中的任何一个人约会。

我的重点并不是劳伦应不应该跟那些人约会,或者他们中有没有可以配得上她的,而是他们对劳伦的兴趣说明男性觉得她是有吸引力的。毕竟,一周里有 12 个男性联系了她。劳伦承认她的朋友也说过同样的话,但是跟很多有负面自我认知的人,尤其是这些认知已经存在好多年的人一样,劳伦不能放下自我批判,拒绝接受任何相反的证据。

我们常用的经验法则是,除父母和祖父母外(因为他们是我们支持系统里典型的最不客观的人),如果不同的两个人就同一个问题表达了一致的观点,比如别人觉得我们有吸引力、前任给出的分手理由是合理的,而这个观点是让我们觉得愤怒的,那么我们绝对需要冷静下来好好地思考一下。第一,因为不同的两个人表达了同样观点;第二,"愤怒"说明了我们自身的抗拒性是被根本性问题触发的(比如,自卑或想要通过寻找另一个解释来让自己"好"起来),而不是被固有的、不正确的自我信念触发的。

为什么我们总是美化让我们心碎的人和为什么不要这么做

许多年前,有一个小伙子来找我治疗,想要解决与异性交往的问题。他讲到最近参加过的一个聚会,正好提到这个聚会有很多毒品,他觉得这个聚会很棒,因为他"喜欢可卡因"。

因为他说得很随意,所以我也同样随意地问他:"有多喜欢?"

"非常喜欢,"他眨了下眼淘气地笑着回答,"但是几个月前我发现左鼻孔的软骨因为吸食可卡因而遭到损坏,不得不进行手术,用耳朵的软骨填补它。"

"这会对你吸可卡因造成什么影响?"我无知地问。

"我现在用右鼻孔吸。"

他继续说可卡因可以让他感觉有多好,并列出吸食的理由,但没有一个理由提到他鼻子和耳朵上的伤疤,也没有提到不久后他就会失去健康的鼻子这个事实。

人们总是为自己使用某种物质寻找适当的解释,比如使用时的美好感受、所获得的快乐和这个过程有多享受。对毒品的渴求给他们建立了一个美好的世界，却无视使用毒品后那些痛苦的早上和晚上，在毒品上花费的时间和金钱，以及毒品给他们的生活和恋爱造成的各种问题。

与毒瘾相似的是，心碎会让我们对伤害我们的人产生扭曲的看法。我们对他们的"渴求"让我们过于关注他们最好的特质。我们总是反复回想一起经历过的最美好的时光（或者想象那些未来会一起经历的美好时刻），我们想象着他们的笑容，以及跟他们在一起时迷人、开心和满足的体验。

我们很少想起的是他们的缺点，讨厌的习惯，与他们的争吵和冲突，为跟他们在一起所放弃的利益和友谊，那些让我们觉得自己糟糕的时刻，那些哭泣和痛苦的时光，以及恨之入骨完全不想看到他们的时候。

美化伤了我们心的人，只回忆经过高度修饰的共有时光，自然而然就夸大了对方在我们眼中的重要性，加重了情感伤痛，延迟了康复。美化会很容易让我们进入一个恶性循环，增强渴求会强化完美意识，强化完美意识又会再次增强渴望，如此循环。

最近，一个年近40岁名叫加兹的先生找到我，跟他恋爱9年的女朋友离开了。他流着泪坐在那里，完全没有办法说话："我以前想着她会是我的妻子……我孩子的母亲……和我白头到老的那个人！"

加兹的情感伤痛是实实在在的，但他的话却没有这么实在。实际上，那个姑娘离开他的原因是他们在一起9年了，但是加兹却还没有结婚的打算。除此之外，他们曾经多次分手，最近一次发生在那个姑娘离开他的前几个月。我告诉加兹，这么多年的分分合合说明他不想做出承诺。

他激烈反对："怎么会不想做出承诺？我一直不断地跟她重归于好！"

"的确，"我回答说，"你连分手的承诺也做不出。"

暂且撇开承诺问题不谈，加兹关心他的女友，但这段关系不是加兹想要的。但是当悲伤时，他无视9年中的犹豫和矛盾，只把注意力放在美好的回忆上。这么做后，女友和这段关系就被美化了，这种扭曲的观点让他觉得自己失去了一个重要的想结婚的人，但是那9年和多次分手却表达了相反的观点。

避免美化让我们心碎的人最好的方法是，故意在我们脑海里形成一个均衡的观点。我们需要提醒自己对方让我们觉得讨厌的地方，比如，尴尬的吃东西的习惯，总是迟到，或咖啡桌上咬下来的指甲残留；对图书、运动、娱乐的不同喜好；不喜欢自己最好的朋友；每当想要去讨论如何相处的问题时，对方的排斥。这么做的目的不是憎恨或中伤他们，而是让自己看到他们的缺点，同时不让自己只是专注于美好的事物。我们应该经常提醒自己对方的这些缺点，因为这么做不仅会帮助我们尽早放手，还会减轻类似于以后再也不会找到"如此完美"的人的焦虑。

逃避是如何扩大我们的悲伤的

心碎时，我们为管理情感伤痛所做的努力会消除短期伤痛，但却会增加长期的痛苦。人们普遍用来限制情感悲痛的一个方式是远离那些可以让我们产生回忆的人和活动。然而时间越长久的关系，可以引起回忆的人或场景就越重要，其中一些会变成我们生活中有意义、重要的一部分。回避这些人、这些场景和这些活动会对我们的生活造成重大影响，让生活变得不正常。

▽ ▼ ▽

林赛是来自新泽西的一名非职业三项全能运动员，也是一名家庭主妇，她一般会在每天早上5：30起床，下楼去地下室，把她的猫——米藤丝放在动感单车对面的架子上，然后她会在单车上运动45分钟。"有些人喜欢边骑车边看电视，"她在治疗中告诉我，"我喜欢看着米藤丝。米藤丝也会看着我。这是我们共同的美好时刻。"

米藤丝死后，林赛不能想象，没有了心爱的猫的陪伴而她独自在早上骑动感单车的那个场景。她知道如果去户外骑车，她所能达到的常规运动量是无法与室内骑车相媲美的。她同样知道参加三项全能竞赛对她的重要性，为准备竞赛而进行的训练带给她的是身体和精神的双重健康。即使能够意识到这些，她也不能让自己回归室内骑车运动。

林赛没有意识到的是，停止室内骑车训练，降低参赛能力，所影响的不仅仅是她的健康。三项全能运动员是林赛一个重要的自我定义，竞争对手是她社交圈子重要的组成部分。放弃生活中这么有意义的一部分不仅会加重米藤丝的死带给她的痛苦，还会让她面临严重的精神问题。

避免接触触景生情的事物看起来是必要且明智的行为，但是事实却并非如此。心理学中有一条普遍的定律——回避事物并不会减轻其所带来的情感影响，相反会加重。避免去地下室并没有让林赛感觉室内自行车和米藤丝的关联减少了，而是更强烈了。我担心如果她一直逃避看到她的自行车，会扩大它与米藤丝之间的联系，侵蚀她的训练。

这种心碎后的逃避经常会从一个小点不断扩大，强迫我们持续缩小自己的活动范围，有时会是无用的甚至是荒唐可笑的。例如，凯西拒绝再去和瑞奇一起去过的餐厅，因为这会让她想起痛苦的分手。但是六个月中他们一起出去吃饭的频率太高了，凯西这个"禁入"清单囊括了曼哈顿的大部分餐厅。她试图消除瑞奇在她脑海里的存在，但是这种回避并没有让她走出阴影。

对于那些容易让我们触景生情的地方和人物，我们需要进行"清除"，然后重新建立联系。最好的方式是，在完全不同的特别场景下重新光顾这些地方，如此一来新的联系就建立了。例如，我建议凯西和她的朋友们一起去曾经跟瑞奇吃过午饭的地方再次吃午饭，这样这些地方就被填充了新的内容。我警告她说，前两次在那些地方吃饭还是会触动与瑞奇在一起的回忆，但是从第三或第四次开始，新的联系就会变得坚固，足以打败旧的回忆。

当试图用新的联系取代旧的痛苦回忆时，我们需要提高警惕，避免强化旧的联系。因此，我建议凯西在吃午饭时避免提到瑞奇，尽量避免想到他。

守着能引起回忆的东西会让我们守着痛苦

固执地回避能引起回忆的事物会让我们忽视生活中重要的东西，但是紧紧守着这些事物也会产生问题。本的狗博韦尔死后大概四个月的时候，他打电话告诉我，老板临时找他开会，他没有办法准时到我的办公室，他问可不可以跟我视频，我同意了。

本的电脑放在起居室的角落。这样我可以清楚地看到他起居室的全貌和与之相邻的开放式厨房。本开始跟我讲述与老板之间的最新冲突，但我一个字也没有听进去，因为他身后的东西吸引了我全部的注意力。那里放着一个小餐桌，在餐桌腿边上我看到了博韦尔吃饭喝水的碗。

我准备好好问问本这件事。当他腼腆地倾斜着他的笔记

3 别让情况更恶化了

本电脑向我展示他的房间时，我看到博韦尔用过的大垫子仍被放在他的工作区域。本还承认说，博韦尔的刷子和梳子仍跟其他清理工具一起放在厨房的抽屉里，狗链还挂在门口的衣帽架上。

本不是第一次经历悲痛。在他父母相继去世的时候他已经经历两次大的悲伤。那时我开导过他，他很好地意识到守着太多能引起回忆的鲜活的事物会让伤口永远鲜血淋漓且疼痛。跟博韦尔用过的东西生活在一起，是阻止时间来生成"心理结痂"，从而愈合他的情感伤口。

话虽如此，但我确实理解他这么做的原因。

当失去某个人时，我们经常留着他们的衣服和物品，因为扔掉这些东西会带来背叛的感觉。同样，当心爱的宠物死去后，把它们的玩具和清理工具收起来，处理掉剩余的食物，扔掉它们的笼子、枕头是一件不可能完成的任务。仅仅是这么想就会激发内疚的情感。感觉自己背叛了那只终其一生都无条件给予自己忠诚的动物，甚至会让我们感到自己不尊重它们留下的回忆。

本感受到了以上所说的一切情感。他坚持把那些回忆物保留下来，告诉我当他感觉自己准备好时会把博韦尔的遗物收起来。他知道留着博韦尔的东西实际上会阻止"准备好"那天的来临,但是随着日子一天天过去,处理掉博韦尔物品的想法会让他觉得越来越不可能。

相似的场景同样会在失恋的人群中上演。有的人守护着每一样回忆物,让自己的生活充满曾经拥有但现已失去的痕迹。有的人喜欢尽可能快地抛弃所有回忆物,抹去心碎制造者的所有痕迹。

尽管这两种做法是完全相反的,但是哪一种都不比另一种更好、更健康,至少在心碎初期是这样的。心碎最开始时,无论选择清除,还是囤积回忆物,都是我们的第一反应,是情感的反射。问题是,心碎初期过后我们应该怎么做。

回忆物是一种心理表现,是我们与失去的宠物或恋人之间的情感纽带。随着我们慢慢走出失去的阴影,从悲痛中觉醒,这个纽带应该会随着时间慢慢淡化。抹去回忆物反映了我们愿意放手的意愿和准备好迈入新生活的信念。如果几个月后,我们还保留着回忆物,就可以被认为是停滞不前的信号。

放弃这些回忆物品当然是痛苦的,但这是短期的代价,用以获得长远的收获。我记录的绝大部分人在"消除回忆物"之后的日子里,都感到了情感伤痛的巨大减轻和情绪的重大好转。如果确实有保留的需求,那么到底可以保留多少取决于即使保留了,也不会影响我们放下过去、迈入新生活的步伐。

那些在早期选择清除所有回忆物的人面临另一个问题。存在于家里、车里或办公室里的实物是很容易被发现的,但是虚拟物品一般不只存在于一个地方,它们会存在于社交媒体、电子照片、博客、文本、电子邮件、交友网站和其他可以存储数字信息的地方,找到并消除它们是一个棘手的任务。

我最近的一个咨询者叫斯维特拉娜,是一名三十多岁的护士。她在一个知名交友网站上遇到了一个男士并交往了几个月。然而事情开始向着不好的方向发展,他们的关系持续恶化,最终她的男友突然提出分手。斯维特拉娜心碎了,并迅速进入前文探讨的一个阶段,她开始美化前男友,告诉自己他就是"命中注定"的那个人。我们花费了几周的时间让她认识到前男友的种种错误和缺点（这两项数也数不清），帮助她慢慢形成一个均衡的观点。

几个月后，斯维特拉娜觉得自己准备好投入下一份感情了。她不想看到前男友的资料，所以她注销了以前那个交友网站上的账号，转而开始使用两个较新的网站。第一个网站立刻为她推送了五个潜在匹配者。她看了前两个人的资料后就左滑了（表示她不感兴趣）。第三个人的资料是她的前男友，她于是注销了这个网站的账号。一周后，第二个网站向她推送了每周"最佳匹配"，她又看到了前男友带着笑容的照片。

"我以前就觉得他是与我最匹配的那个，"斯维特拉娜呜咽着对我说，"现在每一个匹配算法都是这么认为的！我知道他不完美，但是……整个宇宙却告诉我他就是那个人！"

"我可以看看你在网站上的资料吗？"我询问道。

"为什么？"斯维特拉娜问。

"因为我好奇你是如何描述你心中那个人的。"斯维特拉娜调出她的资料并把手机递给我。果然，她写的每项描述都与前男友完美匹配，包括身高、体重、头发和眼睛的颜色、职业和爱好。

我把手机还给她,说:"全宇宙只会告诉你你想告诉它的。不是算法的问题,是你自己的问题。"

斯维特拉娜并没有意识到自己的行为。我见过的很多离异人士注册了交友网站后,看到他们的前任成为自己的推荐匹配。这些事件反映出我们品位的一贯性,而不是神明对此进行了干预。

现在,数码回忆物可以很容易地被存储于文档和存储系统。我们不经意地打开一个文件,然后看到早已被遗忘的照片出现在眼前。这种虚拟的不期而遇是痛苦且震撼的。有些人会快速点击删除,但是有些人可能会被引入痛苦回忆的道路,让那些已经被忘却的心碎感受变得鲜活。

从这方面来说,社交媒体平台会带来更多问题。让我们心碎的人仍跟我们认识的人有联系,他们的动态会被第三方分享,从而出现在我们的视野中。

在数字时代心碎带来的另一个主要问题是社交媒体上朋友和粉丝对我们分手的反应。最近的一项研究分析了情侣分手后在推特上的影响。研究人员发现的一个现象是取消关注。情侣在分手后会立刻掉粉15%~20%,因为朋友们会选择站队,取消对一方的关注从而来支持另一方。脸书上也发生了相似的一幕，分手后一方失去了大量的"朋友"。

社交媒体用户通常很在意自己粉丝的数量，因为这些数据不仅代表着自己社交圈的大小，还代表着自己的影响力和在社交媒体中的相对重要性。大量掉粉会很容易增加分手的伤害和难堪。如果损失粉丝和朋友是很重要的一件事，那么我们需要拿出时间来把空缺补充上，多认识新的人，邀请他们关注自己，多接触朋友和跟自己相关的人。看着粉丝数量重新回到原来的数字，至少可以减轻自己的痛苦。

就损失朋友而言，分手后朋友们会选择站队，也许是我们的前任要求朋友们这么做的，也许是朋友们猜想另一方想要他们这么做。因此在一些例子中，可能需要我们联系那些取消关注我们的人，让他们知道我们还是希望与他们保持联系的。尽管这么做可能会被拒绝，但是也可能会收获意外的惊喜，尤其是在和平分手的情况下。

避免犯这些心碎后典型的错误，会阻止我们退步，不会让我们在康复的路上停滞不前。改变这些毁灭性的习惯是非常重要的，是开始养成治愈性习惯的先决条件。在进入治愈心碎的最后几步之前，我们必须做出一项重要的决定——放手。

4 治愈,从正确认识情感伤痛开始

破碎的心是恶性循环的源头。我们只想要结束情感伤痛，但是我们无法控制的思想和行动只会加深伤痛。我们感觉被轻视、拒绝和抛弃，但是却美化那个带给我们这些感觉的人。我们急切地想要走出悲伤，但是我们却坚持保留回忆物和纪念物继续让自己沉浸其中。

为什么心碎总是诱导我们陷入这么多矛盾？

为了回答这个问题，我们需要重温一下让我们一步步走到现在的过去。一般而言，身体的第一要务是愈合伤口，保持生命体存在。当身体受伤时，我们不需要做任何决定来让伤口愈合，因为伤口会自发愈合。但意识的第一要务不是修复骨头和组织，而是让我们远离曾经带给我们伤害的情形。越是痛苦的经历，我们的意识就越会努力工作来保证我们不会再犯"错误"。

为了达到这个目的,当心碎发生时,思想会在我们最不愿想起的时候,让记忆和画面浮现到脑海中,以此尽力让痛苦保持鲜活并难以忘却。当我们想要开始下一个约会时,让我们被焦虑和压力吞没;在失去珍爱的宠物后想再领养一只动物时,让我们被罪恶填满。但是当思想想要我们不会忘记时,为了从心碎中康复过来,我们需要做的就是忘记过去。我们需要减少痴迷于过去的时间,减轻其在我们思想和生活中的重要性。

存在于潜意识和具体目标之间的这个简单的"利益冲突",是非常重要的。如果想要更快、更彻底地愈合伤口,那么我们要屏蔽潜意识所发出的毁灭性指令,并养成新的习惯来增强情感健康。与此有很大不同的是,如今大部分人在处理心碎时所坚持的信念是时间会治愈一切伤害。时间会治愈我们,但是速度很慢,而且经常是毫无成效的,它会给我们留下难以完全愈合的伤口。

身体能很好地自发愈合伤口,但是意识却不会。

相比身体而言,思想无疑处于"劣势",但却也有好的一面。我们不能命令白细胞去攻击病毒或指导骨头愈合,但是如果我们有足够的决心去做，是可以影响意识形态的。想要停止情感伤痛和下定决心一定要停止伤痛之间是有很大不同的。希望开始新生活跟决心开始新生活也是不能同日而语的。为了让破碎的心全面愈合，我们需要看着镜子（想象中的和现实中的）告诉自己，是时候放手了。

放手需要的不同方法

放手之所以如此有挑战性，是我们需要放手的东西太多了，而不仅仅是情感伤痛，我们需要放手自己的期望，放弃能够解决问题的幻想，消除那个人或那只宠物在我们日常思想中的存在，进而消除其对我们日常生活的影响。我们需要真正说再见，停止继续爱下去，尤其是当已经没有人或动物再可以回应我们时。我们还需要对自己的一部分放手，对曾经那个爱得深沉的自己放手。

凯西沉浸在对瑞奇的回忆中。她的意识总是在制造虚假的故事而让她走不出来，例如，在那个浪漫的周末发生了一些事情才导致分手。就像每一个想要改变自己的生活、想从操控他们的毒品的魔爪中逃离出来的瘾君子一样，为了走出来，凯西必须做出一个决定——她需要放弃对答案（她的"毒品"）的追寻，然后彻底"戒毒"。

为了达到这个目的，凯西需要有所准备，能够控制强大的渴望和想要放弃的密集想法，这些都会试图破坏她的决心。她需要战胜强大的冲动，这些冲动会强迫她重拾回忆，并再去品尝一下那个周末所带来的快乐。她需要预想到意识会制造出许多借口和理由从而诱惑她重新回到旧的习惯中，而她需要准备好与这些借口和理由进行论战。

对本来说，放手同样是一个痛苦的决定。博韦尔一直能在很大程度上调节本的情绪，它能够辨认出本是否需要安慰和爱，这是令人惊叹的。对本来说，留着博韦尔的物品是回报博韦尔多年来一直给予他忠诚的一种方式。

为了走出来，本需要放弃堆放在他公寓内的能够时时引起回忆的物品。他需要忍受不忠诚的强烈情感，掌控自己的决心来抵抗势必到来的罪恶感。他需要明白这些都是意识产生的失真现象，是为了阻止他走出来，而事实是他把欠博韦尔的都已经还清了。

听到这些建议后，本很生气："博韦尔对我的忠诚比我对它的多太多了。它把自己都奉献给我了！"

"它的确奉献了自己的一生，"我同意，"但是你对它的奉献却是有过之而无不及。你是它的主人。没有其他人可以让博韦尔选择奉献自己的忠诚，而你有，至少理论上是这样的。你选择只把忠诚给它。"

本疑惑地看着我："啊？还有谁是我可以去忠诚的呢？"

"一个女人。"

"自离婚后你就没有再约会过。难道博韦尔不是原因吗？你是不是觉得有它已经足够了？难道你决定不再与另一个人建立情感联系不是出于对博韦尔的忠诚吗？"

本重新坐下，想了一会说："约会太糟糕了。"

"也许。"我说。

"博韦尔却是如此可爱，充满爱意，从一而终。"本叹气说，"有博韦尔就足够了。"

"当它活着的时候的确是这样的，但对它的回忆并不能填满你的生活。本，在博韦尔活着的时候你已经偿还了对它忠诚的亏欠，很多倍。现在你应该对自己、对自己的需求和快乐忠诚了。"

本终于意识到他做了什么，但是这并不能让他减轻痛苦。第二天，他把博韦尔所有的物品都放在一个箱子里，边收拾边流泪。他终于走上了康复之路，但是我知道这不是终点，还有很多事情需要做。

自我关怀的力量

被多年来第一个约会对象拒绝后，劳伦感觉自己被压垮了，她陷入一个许多失恋的人都会遇到的矛盾。她认为通向幸福之路是找到一个伴侣，但是对于再次尝试新的约会，她有太多的恐惧和消极的想法。为了保护自己不再受伤，劳伦的意识告诉她，她太没有吸引力了，不可能找到爱情，所以根本不需要尝试了。

为了康复，走向新生活，劳伦需要放弃自我批判意识，引入一个新的精神习惯，让她不再自我厌弃，帮助她建立信心，这个习惯就是自我关怀。

自我关怀是当人们遭受不幸时内心所产生的一种带有善意和关心的而非自责的审判性的声音，使用时需要用支持和关怀的想法代替自我批判的想法。这要求我们在犯错后给予自己耐心和理解，认识到犯错是人类的特征之一。我们可以肯定地承认自己的错误和缺点，但是不要因此而斥责和惩罚自己。斥责和惩罚自己不会产生任何领悟，只会对自尊、自信和整体情感健康产生糟糕的影响。

当我建议劳伦采取自我关怀的方式时，她很自然地犹豫了。行为习惯是很难改变的，改变精神习惯会更难。完全转变想法需要劳伦有坚定不移的决心，同时配以强大的心理动机和意志力。我相信劳伦的意志力。现在问题的关键是她是否有想要改变的决心。

她是一名医学生，所以我决定给她分享一些最近的研究成果。我告诉她，研究已经证明自我关怀会对心理健康产生影响。研究结果是引人注目，而且已经被重复试验多次的。自我关怀会增强自尊心，改善心理和社交功能，降低抑郁和焦虑，增强情感健康，获得大量心理上的益处。

劳伦对此产生了好奇心。她赞同自我关怀会对一些人起作用，但是不知道她自己有没有能力做到。见她的态度终于软化了一些，我给了她一些具体的方法。科学家发现了一种可以增强自我关怀的方法，就是关怀他人。比如，一项研究发现，仅仅是给正遭受心碎痛苦的陌生人写一段安慰的话就能增强自身的自我关怀，同时自己也会用自我关怀的心态看待过去发生的一件消极的事。

另一个抑制自我批评思维的方法是,在脑海中做一个假想,我们对着正在遭受创伤的朋友们大声说出脑海中对自己说的话。大部人会退缩,这么对待一个正在危难中的朋友是残忍的——这是一个赤裸裸的提醒,当我们对自己说同样批评的话时,也要拒绝。

"好的,我会试一试。"劳伦最后同意了。

我知道她觉得自己是书呆子,所以我决定引用尤达大师的一句经典台词:"没有试一试。"

对《星球大战》很是熟悉的劳伦点头接着说:"只有做与不做。"

我事先告知劳伦,运用自我关怀需要耐心和正念。旧的思考方式和自我批判的内在声音是很容易再次冒头的,我们需要保持警惕,时刻留意自己。所有习惯的改变在最开始都需要花费大量努力,但在坚持每天练习,一个月后新的习惯就会根深蒂固。

劳伦用了五个星期的时间每天进行正念的心理练习。她在公寓里贴满了便笺纸,提醒要关怀自己。她把自我关怀的图作为手机和电脑的桌面。她甚至自己编了一支好笑的小曲哼哼着唱（她只透露了一句歌词——"我没有，没有穿着自我批判的外衣，自我关怀是我的新衣服"）。

先不提她的作曲能力如何，如果真的想要改变思考方式，劳伦的方法确实给我们提供了一个很好的例子，改变是需要通过努力来达成的。如果没有这些形象化的提醒，一直不断坚持直到新的习惯根深蒂固并在思想中扎根将是一件很艰难的事。

值得高兴的是，劳伦的努力最终得到了回报。随着时间的推移，她的变化尤其是在自尊方面的变化令人瞩目。当自尊随心碎降到低点时，我们最需要做的是重新振作。我们需要关注自己身上最好的品质，以及潜在交往对象会欣赏我们的个人特征。不要总是做相反的事情——关注自己的每一个缺点以及自认为未来会被对方拒绝的原因。

劳伦对击破自己自尊心这件事手到擒来。因此在每场谈话的开始，我都坚持让她列举自己在约会中的五个好的特质，每次都不能重复。最开始她一个也列举不出来，慢慢地她开始习惯。当她可以很有信心地不添加任何附加条件地列举出来时，我知道她已经准备好约下一个男生了。

劳伦真的开始这么做了。她在这之后马上就更新了自己在交友网站上的资料。

发现新的缺角，然后补上

本最终把博韦尔的枕头、碗和铁链放在了自己看不到的地方，但是他的情感伤痛并没有被治愈。过去他总是在早上开始工作前先去遛狗。博韦尔有几只常在一起玩的狗伴，因此本和其他狗的主人也熟悉了。在狗狗们玩耍的时候，他会坐着跟其他主人聊 30~60 分钟，就像带孩子出去玩，边看着孩子边聊天的长辈那样。本的朋友圈很小，"遛狗群"成了他社交生活重要的一部分。博韦尔死去后，他已经好几天没有跟其他人面对面说过话了。

失去心爱的宠物后，我们常常觉得生活像是缺了一角。然而我们并没有发觉，这件事所造成的不只是一个角的缺失。

当本发觉博韦尔的死带给他的生活缺失后，他同意会想办法弥补，但是他想不到任何一个能引起他兴趣的爱好、活动或消遣。没有任何一件事能让他想要花时间和努力去做。他被难住了。

"好吧，没有什么可以引起你的激情和兴趣，"我在谈话中对他说，"那我只能想到一件事了。你需要另外一个温暖的灵魂重新回到你的生活。"

"我没有准备好再养一只狗！"本打断我。

"再说明一下，我指的是女人。"

最终本进行了让步，同意在交友网站上发布个人资料。在资料里他特意写上了对他很重要的一条，他想要找寻的另一半要喜欢狗。在接下来的几个月中，本赴了几个约会，然后就都没有下文了。尽管这样，但是他花费时间与不同的女人联系，并时不时约会，已经填补他生活的一些缺失。后来，在博韦尔死后，他的老板第一次表扬了他完成的一项工作。

那之后不久本就没有再来找我了。我不知道他是否已经找到新的女友，还是又养了一只狗。我希望这些他全都做了。我相信在未来如果再次受伤，他还会联系我。尽管我很好奇他的现状，但是如果他联系我是因为这个理由，我希望永远得不到他的消息。

用正念对抗记忆反刍

如何从心碎中康复的研究揭示，获得解脱在得到及时和健康的情感康复方面起着重要作用。具体来讲，为了走出过去的阴影，我们需要对为什么分手有一个深刻的理解。清晰的"为什么"会帮助我们放弃期望和可以重新和好的幻想，从而获得解脱。但是当我们没有获得解释时该怎么做呢？

分手是残酷的。我们回到家后面对突然空空的房间，或仅仅是收到了一条简洁的短消息，抑或发现前任已经把社交媒体上的状态修改成单身。即便对方给予了礼貌的解释，但通常状况下这个解释是不充分的（比如，"期末考试快到了，我觉得现在不是谈恋爱的好时机"）、模糊的（比如，"不是你的原因，而是我的"）、没有信息含量的（比如，"我的状态不好"）或充满不公正控诉的（比如，"当我冲你嚷嚷的时候你太情绪化了，这让我无法应对"）。

许多人曾试图获得一个更加清晰或更诚实的答案，但是成功的概率很小，或许这样的结果是最好的。无论对方给出的解释是什么，都不会改变一个根本点：他们觉得在某些方面大家是不匹配的。除此之外，追求一个更圆满的答案很可能会让我们的情感变得脆弱，让我们再次感受到被伤害、愤怒、沮丧和困惑。

与之恰恰相反，我们需要做的是自己为分手的原因做出一个合理的解释，一个符合事实、结合了前任的性格和过去表现，同时又考虑到分手背景和最近发生的事情的最佳猜想。最重要的是，可以让我们的骄傲、尊严和自尊保持完整无缺的解释。如果非得找寻答案，那么不妨用一种会让自己对分手感到好受些而非更糟糕的方式，给出一个既可以让自己接受，也可以让他人接受的理由。

一个有意义的分手理由可以参照瑞奇给凯西的理由（他关心凯西，也非常喜欢跟她在一起，但是他没有办法爱上她）。他的理由是经过深思熟虑的，是客观和关怀的，这在分手中并不多见，所以这也是为什么我为凯西感到不幸，因为她没有选择接受瑞奇的理由，而是花了六个月的时间找寻其他的原因。

凯西不再否认自己被困住了，她终于愿意思考自己追寻的事情是没有任何效果的，并接受了瑞奇的理由。决定这么做并不简单，她仍旧痴迷地想着瑞奇，被大脑的奖赏回路驱使着，产生了难以阻止的戒断反应。

一旦出现在数周或数月中都因前任而焦虑的情况，那么立刻戒掉习惯是极其有挑战的一件事。幸运的是，有一些有效的心理学方法可以对抗这种强迫性反刍。

反刍思维是不断地把关注点放在各种各样的消极思维和记忆（不只是跟分手有关的）上的行为，它很容易变成一种习惯，增加出现临床抑郁症的风险。打破反刍思维的关键是反作用于消极拉动力，形成严格的客观性思考方式，最有效、最成功的方法叫正念冥想。

正念冥想是把我们的思维和感受集中于当下，人们可以用不同的方法进行。我们可以把注意力放在空气进入肺部的感觉上，放在呼吸时闻到的味道上，放在风或太阳拂过或照射在脸上的感受上，放在行走在路边和街道上踩到的地砖的图案上，或放在散步时所看到的植物和树木的不同的绿色色调上。当把注意力放在不相关的事物上（比如，"我不能相信前任甩了我"）时，我们会发现我们的思想不仅是客观的（比如，"我刚才在想前任"），还会把我们的思想带到当下的感受上。

跟自我关怀很相似，正念冥想也是认知训练（就像思维的健身运动一样）的一种形式，所以也需要每天练习。初学者可能会经常遭受侵入思维的干扰，所以会把大量的时间花在把注意力拉回到呼吸上。但是随着练习次数的增多，能够把注意力停留在冥想上的时间越久，消极思维（或其他思维）的干扰就越少。

正念不仅是一种冥想，还是一种思考方式，是选择存在于当下感受的思考方式——散步时花园中不同花朵的香味，在椅子上休息时窗外鸟儿的叫声，或走路去上班时繁忙街道上的噪声。

近几年，人们对正念进行了广泛研究。把注意力引向当下的感受而不是激发对过去的反刍或对未来的担忧，展示了正念可以带给人们的重要心理益处，比如可以减少压力、注意力分散、反刍和强迫性思维。

我把正念训练的基本要点教授给了凯西，建议她一周至少练习五次。鉴于她的反刍思维比较严重，我预想她的进度会比较慢。但是五周后，她来治疗时宣布了好消息。

凯西的终极目标是整整一周不再想瑞奇。这是一个很艰巨的目标，难道她已经达到了？

"我已经六个小时没有想瑞奇了！"她说。

我被凯西达成的成果鼓舞了，但最让我鼓舞的是她展现的热情。她最初所持的怀疑态度已经消失,并已经准备认真练习。

事实的确如此。

凯西重新唤起了自己强大的决心,那个曾让她挺过癌症治疗,也曾为了消除分手障碍而被错误地引入反刍探寻的决心回来了。凯西再次掌控了动机,拿出了毅力来改善健康状况——这次是精神健康。

她报名参加了正念冥想课程,阅读相关图书,参加相关聚会,邀请了两个朋友和她一起练习,而且下载了大量的相关主题演讲和播客。

正念冥想不仅可以减少反刍思维和自我批判,还可以降低我们自身对于痛苦想法或事件的情感反应,甚至当旧的伤害性思维出现时,它们的影响力会减弱。事实确实如此,凯西不但很少会想起瑞奇,她还发现自己以前的侵入性想法变得不再让她那么生气,并且很容易就被忘记了。

几周后我再次看到凯西的时候,她身上的改变非常显著,她不再是处于持续痛苦中的样子了。

"我喜欢正念冥想,"凯西说,"但是我做得有点过了。我的朋友们觉得我用新的嗜好代替了以前的。"

"那你同意这种说法吗?"我问。

"一点点,"她承认说,"所以我决定继续每天练习冥想,但是不再参加下午的课程了。无论怎样,我一直都在考虑放弃下午的课程,因为我需要空出一些时间。"

"为了……?"我问。

凯西拿出手机给我看了前一天晚上她刚发给朋友的短信——"我准备好了"。

《天空下着男人雨》的旋律开始在我脑海中响起。我放松地靠在椅背上说:"万岁!"

重获自我

所有的恋爱都会改变我们。我们改变了代词的使用习惯,用"我们"和"我们的"代替了"我"和"我的";增加了跟其他情侣的社交时间,减少了跟单身朋友的见面时间;换掉了常用的产品;改变了家里家外的习惯等。当一段关系结束后,我们不得不再把单身时的自己找回来。

大量研究发现,重获自我认同、重塑自身本质是能够从心碎中康复的一个重要因素。近期的一个研究检测了志愿者们在分手后八周内自我观念和情感健康的变化。研究人员使用调查问卷和面部肌电扫描（fEMG）两种方式进行了测量。fEMG可以检测到面部肌肉的微小变化，显示情感反应，但这些变化是人类的眼睛看不到的。

这两种方式的测试结果都证实，在心碎时，不能够重新界定自我感知的人，往往在面对分手时的调节能力更差，心理伤痛更严重。他们一想到伴侣就会展现强烈的情感反应。研究人员得出的结论是，分手后人们不能重新界定自我感知的一个原因是，我们无意识地继续用已不存在的恋爱关系定义自我。

失去宠物后，重新获取自我也同样重要。当林赛的猫咪米藤丝死去后，她失去了自我身份中的一个重要部分。林赛总是定义自己是一位母亲、一个妻子和一个运动员。母亲的身份对她来说是最重要的，即使她从未承认过。林赛继续着健身训练，她跑步、游泳，但却不再骑车。骑车是她在比赛中的最强项，也是她最喜欢的。下一场大型比赛定在米藤丝死后一个月内。比赛开始前几天，林赛告诉我她决定放弃参赛。

"我过去曾经是一个运动员，"她说，"但是自从米藤丝死后……"

"等等，等等，"我打断她，"你过去是一个运动员？你能接受自己不再是吗？"

"不能，但这是现实。"

"唯一的现实是米藤丝死了，"我回答道，"这是你不能改变的。但你是不是一名运动员，你有没有放弃所热爱的运动不是现实，只是一个选择。"

在面对悲伤重新定义自我时，林赛犯了一个许多人都会犯的错误。她让自己的行为定义自己，而不是自己决定想要变成谁，不明白哪些行为对自我定义有帮助。因为运动员这个身份在她的生活中起着无法失去的重要作用，所以我督促林赛找到重返训练的方法。

她同意会考虑一下这个想法。我决定再推她一把。我告诉她相关的研究发现了一个可变因素，屡次预示着人们在分手后可以更健康和快速地获得情绪调节。但这个因素也是多数人回避的：找一个替代品替代过去的宠物（或人）。

明确来说，在心碎时出去约会、在宠物死后再养一只新的宠物会让人们产生不适宜、草率、糟糕、不忠诚、不明智、不公平、完全错误等一系列感受。但是这么做却被发现可以有效平息情感痛苦和悲伤，因为它降低了我们与那个失去的人或动物间的情感联系。

诚然，时间是因素之一。凯西应该在跟瑞奇分手后就立刻出去开始新的约会吗？不。本应该在博韦尔死去后就离开宠物医院到动物收养所领养另一只狗吗？不。但是，我们同样也不能等到自己"完全走出来"后才这么做。

艰难分手后再开始约会的起初，我们不可能完全在情感上准备好，但如果我们对遇到的新的约会对象有兴趣做进一步了解，那么可以告诉他我们需要慢慢来。

同理，再领养一只宠物并不意味着我们要抛弃对过去那只的想念和回忆。我们的心是足够大的，可以在缅怀一只动物的同时关心另一只。可能还在为旧的宠物伤心的时候喜欢上新的那只的时间会有些长，但也只是长一点点而已。宠物总是能够有自己的方法走入动物爱好者的心里。

对于自己是否已经准备好养另一只猫，林赛没有自己做出决定。很显然，我并不是唯一一个觉得她应该重返训练，拥抱运动员这个角色的人。几周后，她的丈夫和孩子在她生日那天给了她一个惊喜，他们给她准备了一个有很多孔的大箱子，里面是一只猫。第二天，林赛把猫带到了地下室，放在架子上，而她自己则坐上了自行车。

心碎康复之旅的起点是一个决定——当思想拼命想把我们留在原地而我们自己却想要走出去。这场即将到来的战争不仅需要勇气和决心，还需要知识和觉悟。

• 需要明白思想是跟我们作对的，对抗不健康、拖后腿的欲望和习惯是需要采取方法的。

• 需要对抗那些想要把旧的人或物留在我们生活中的成瘾倾向，无论是通过回忆，还是纪念物。

• 需要练习自我关怀，重塑自尊。

• 需要引入正念来抗衡恋旧的强迫性思维。

• 需要发现生活中的缺失，并采取方法去弥补。

• 需要明确自我本质，找回成就自己的本质。

我们的心也许会破碎，但我们无须一起破碎。随着时间一点点过去，即使在没有感觉准备充足的情况下，我们也可以反击并翻开新篇章。我们可以操控自己的生活、自己的意识，让自己走上康复之路，情感伤痛不应该也不需要陪伴我们左右。

不要让它有机可乘。

后记

在过去的20年里,我接触了许多心碎的人,他们中的许多人在我的记忆中还是如此鲜活。这并不令人惊讶,人们能否很容易地回忆起某个事件,受事件发生时的强烈度影响,拥有新鲜伤口的人很难忘记原始感情和巨大痛苦。特别是当坐在我面前的病人只是一个青少年的时候,激素充斥着的青春期,加上兴奋的情绪、经验的缺乏和天真无邪的感情,让青少年极易受到心碎痛苦的伤害。

在我的脑海中,有一个青少年病人格外清晰,因为他的故事囊括了几乎所有我们今天对待心碎的错误做法。格雷格是一个17岁的中学生,他非常聪明,最近刚刚在学校宣布"出柜"。很庆幸,他宣布后并没有引起很大的喧哗。虽然普通学校里的孩子可以选择交往对象的范围很广泛,但是

LGBTQ（性少数群体）的青少年却面临比较少的选择。格雷格倾慕德文——另外两名在学校宣布"出柜"的男生之一——两年。

宣布"出柜"后一个月，格雷格终于鼓起勇气在午饭期间走到德文面前，约他出去玩。跟在青少年中的普遍情形一样，德文以一种快速且完全没有必要的残忍方式拒绝了他。带着羞愧和伤心的情绪，格雷格走到历史课教室参加接下来的大型考试。他最好的朋友（异性恋）总在历史课的时候坐在他旁边，格雷格希望在考试前可以和他的兄弟聊一会儿，并得到他的支持安慰。

但是当格雷格走进教室后并没有看到他的朋友。过了一会儿，他听说他的朋友在午间投篮时扭伤了脚。当历史老师看到他肿起来的脚踝后，允许他离开考场去医务室治疗。格雷格感到很孤单，没有人支持安慰他。他花了一个小时强忍泪水试图把注意力放在考试上，但发现自己这么做成效很小（实际上毫无成效）后，他在下课后找到历史老师，解释了他不能全神贯注进行考试的原因。格雷格的老师非但没有给予他同情或关怀，还指责他找借口。

这就是人们所传达给中学生们有关情感伤痛和身体伤痛

的信息。如果脚踝肿了，即便是轻微的肿痛，身体的不适也会被人们发现，同时会被给予关怀和照顾。但即使我们的心痛得像被挖出胸膛一样，情感的伤痛已不能让我们集中注意力了，也什么都得不到。如果这是我们教育青年的方式，那么心碎的人就很少能被理解，他们的情感伤痛会被经常忽视又有什么可让人惊讶的呢？如果在读书或培训时从来没有学到如何应对学生心碎的方法，那么我们应该对格雷格的老师的反应感到惊讶吗？

我并不是在鼓动每一个声称心碎的青少年都可以不用考试。鉴于青少年受到心碎伤害的频率比较高，我们应该让更多的学生离开考场，而不是让他们坐在考场里。在日常生活中区分规范性心理及情感痛苦的青少年和处于特殊、急迫及剧烈情形下的痛苦的青少年绝不是一件简单的事。但是格雷格受到的感情伤害并没有发生在几天前或几周前，他是一个学生，正饱含泪水忍受着明显的情感伤痛。

我们急需一个更为公开的大环境，可以畅所欲言心碎是如何严重影响我们的情感和基本行为能力的。为了获得有效的沟通，我们需要告诉自己，心碎后的强烈情感悲痛不是孩子气、丢人或不恰当的，因为心碎是具有毁灭性的，无论面对的是哪个年龄层的人。

我们遭受的"难以忍受"的情感伤痛可以持续数天、数周甚至数月。身体受到的压力同时会损坏我们的短期健康和长期健康。悲痛触发了大脑的回路,由此导致的戒断症状和吸食可卡因或海洛因的瘾君子的症状相似。我们的注意力、思维创造力、解决问题的能力和正常运转都受到了严重损害。我们的生活被搅得天翻地覆,徒留自我质疑:我们到底是谁,以后该如何定义自我。

我们面临的更具挑战性的严峻考验是,所有这些几乎没有得到社会的认可。我们的朋友和所爱的人也许会提供安慰和支持,但在有限的时间里,学校、机构、工作的地方甚至医疗系统也不能做到(这些仁慈的举动,即使是老板或雇主也没有做到)。

让事态变得如此不幸和不能被接受的,是我们根本没有看到悲痛。当近亲死亡时,尤其是配偶、父母或孩子(兄弟姐妹排在最后)去世时,通常人们会被给予缓和的时间、同情、关怀甚至在不能最好地履行职责时也能够被理解。同样,如果我们告诉雇主自己正在经历一段难熬的离婚过程,他们很可能会至少表现出支持和同情。在这些情况下,我们的悲痛不仅会被认可，还会被容忍，不管程度高低。

但是其他情况下的悲痛，比如我们在这里探索的心碎，既不会被认可，也不会被容忍，无论我们在情感上感到如何心力交瘁，这些权利都被剥夺了。不仅支持和关怀被剥夺了，我们还被迫强颜欢笑，利用正在慢慢变少的正能量情绪隐藏孤独和被抛弃的感觉，唯恐会被其他人认为太过情绪化、不成熟或性格软弱。

人们对这些悲痛的忽视让我很担心，我的担心并不仅仅是因为我的病人。科学人员对被剥夺的悲痛进行了很多研究，许多研究结果都表明，当社会不认可某种悲痛时，这种看法会被认同并融为自我意识的一部分，当悲痛来临时认为自己的情感和反应是不可被接受的。研究结果还表明，这种来自社会和自身的不认可会对心理健康产生负面影响，增加形成临床性抑郁症的风险。

如果情感伤痛是能够被肉眼看到的，那么心痛和它带来的折磨就不会长期被人们忽视。当我们带着受伤的腿、胳膊或手指去工作或上学时，我们会获得比心灵受伤时更多的关注、关心和照顾，因为夹板或绷带是可视的，它们是受伤的证据。但是，断裂的骨头不会对深层次的认知、情绪和心理造成任何损害。

大多数公司没有因员工"情感健康原因"（缺少重要的精神诊断）而给予福利，因为它们害怕员工会因此从公司窃取不合理的利益。但它们的假设是短视且错误的。不给予员工愈合伤口所需要的时间和支持，员工就不能发挥其全部能力，工作时间会延长，工作成效会降低，从而导致公司蒙受损失。

如果公司能够认可心碎破坏性的影响力，给予员工时间去释放悲痛，得到支持和复原，那么这会让员工早日重新发挥其最大生产力。不再对自己的同学、同事、老师和雇主隐藏情感伤痛，可以让我们更加快速地康复，加快恢复生产力的时间。

如果学校能够接受情感伤痛跟身体伤痛一样重要、合情合理、具有破坏性的这个事实，那么它们就会培训自己的老师在学生遭受心碎折磨时给予更多支持和关怀。我们需要传授给初中生、高中生避免加重情感伤痛的方法，教授他们养成提升情感健康和加速愈合的习惯，但是我们却没有做到。

如果情感伤痛是肉眼可以看到的，那么我们的表现方式会完全不同。我们会采用更加温和的分手方式，会在拒绝别人时不那么残酷。当看到有人带着痛苦的表情孤独地坐着时，我们会给予更多的关心。当朋友或我们爱着的人不能及时康复时，我们会给予他们更多的耐心，不那么苛责。当我们的心受到伤害时，我们会采取更加自我关怀的方式，对自己的悲痛感到不那么羞愧，会更加敞开心扉并寻求帮助。

无论怎样，从现在开始，我们都必须提醒自己，即使没有社会的支持，我们也不是无法抵抗心碎带来的心理和身体冲击。我们是有方法可以采取的，用来缓解情感伤痛，加快康复，最终治愈情感和心理上的伤口。理解哪些是必须避免的错误和怎样避免，明白哪些是正确的行动和习惯，意味着我们不再任由我们无法掌控的治疗因素——时间来摆布。我们可以帮助自己康复，可以更加主动地给予支持，帮助其他人愈合创伤。

心碎一直在我们周围，是时候睁开我们的眼睛看看它了。只有这样，我们才可以真正康复，并开启新生活。

致谢

在过去的二十多年的工作中，我接触了大量的心碎患者，所以当TED的编辑总监海伦·沃尔特和TED的图书编辑总监米歇尔·昆特邀请我写一本关于如何治愈心碎的书时，我有两个反应：一是快速答应了邀请，二是拍了一下额头纳闷为什么自己从来没想到这个点子。然后，我想起TED这个平台本就是好点子的集合，所以他们会很自然地比我先想到这个点子。

我开始投入工作中，很快发现米歇尔是多么了不起的一位编辑。谢谢你，米歇尔，让整个合作从头至尾都是令人愉悦的。感谢西蒙＆舒斯特的团队。

米歇尔·特斯勒是一个很棒的代理人，工作完成得极为出色。非常感谢她，能得到她的代理是一件如此幸运的事。

我的第一个读者是我的双胞胎兄弟——吉尔·温奇博士。对这本书,他给予了非常宝贵和重要的反馈、鼓励和支持。同时也很感谢埃弗拉特·温奇、贝瑞阿·特伦布莱、拉克尔·达派丝、梅根·福伊、奥利·祖拉维基和吉米·帕克提供的富有洞察力的意见和建议。最后,我要永远感谢我的父母。他们总是对我敞开心扉,让我进入他们最深沉的思想和感受。我不认为能得到这种荣幸是理所当然的,我会继续向他们学习,日益成长。

参考文献

Bartels, Andreas, and Semir Zeki. "The Neural Basis of Romantic Love." *NeuroReport* 11, no. 17 (2000): 3829–34.

Baumeister, R. F., J. M. Twenge, and C. K. Nuss. "Effects of Social Exclusion on Cognitive Processes: Anticipated Aloneness Reduces Intelligent Thought." *Journal of Personality and Social Psychology* 83, no. 4 (2002): 817–27.

Boelen, Paul A., and Albert Reijntjes. "Negative Cognitions in Emotional Problems Following Romantic Relationship Break-ups." *Stress & Health* 25, no. 1 (2009): 11–19.

Breines, Juliana G., and Serena Chen. "Activating the Inner Caregiver: The Role of Support-Giving Schemas in Increasing State Self-Compassion." *Journal of Experimental Social Psychology* 49, no. 1 (2013): 58–64.

Cordaro, Millie. "Pet Loss and Disenfranchised Grief: Implications for Mental Health Counseling Practice." *Journal of Mental Health Counseling* 34, no. 4 (2012): 283–94.

Field, Tiffany. "Romantic Breakups, Heartbreak and Bereavement—Romantic Breakups." *Psychology* 2, no. 4 (2011): 382–87.

Fisher, Helen E., Xiaomeng Xu, Arthur Aron, and Lucy L. Brown. "Intense, Passionate, Romantic Love: A Natural Addiction? How the Fields That Investigate Romance and Substance Abuse Can Inform Each Other." *Frontiers in Psychology* 7:687 (2016).

Garimella, Kiran, Ingmar Weber, and Sonya Dal Cin. "From 'I Love You Babe' to 'Leave Me Alone'—Romantic Relationship Breakups on Twitter." 6th International Conference on Social Informatics (SocInfo 2014). Accessed online: arXiv:1409.5980 [cs.SI].

Keune, Philipp M., Vladimir Bostanov, Boris Kotchoubey, and Martin Hautzinger. "Mindfulness Versus Rumination and Behavioral Inhibition: A Perspective from Research on Frontal Brain Asymmetry." *Personality and Individual Differences* 53, no. 3 (2012): 323–28.

Knox, David, Marty E. Zusman, Melissa Kaluzny, and Chris Cooper. "College Student Recovery from a Broken Heart." *College Student Journal* 34 (2000): 322–24.

Kross, Ethan, Marc G. Berman, Walter Mischel, Edward E. Smith, and Tor D. Wager. "Social Rejection Shares Somatosensory Representations with Physical Pain." *Proceedings of the National Academy of Sciences* 108, no. 15 (2011): 6270–75.

"Broken Heart Syndrome." *Journal of the Association of Physicians of India* 64 (2016): 60–63.

Mason, Ashley E., Rita W. Law, Amanda E. B. Bryan, Robert M. Portley, and David A. Sbarra. "Facing a Breakup: Electromyographic Responses Moderate Self-Concept Recovery Following a Romantic Separation." *Personal Relationships* 19 (2012): 551–68.

Meloy, J. Reid, and Helen Fisher. "Some Thoughts on the Neurobiology of Stalking." *Journal of Forensic Sciences* 50, no. 6 (2005): 1472–80.

Robak, Rostyslaw W., and Steven P. Weitzman. "Grieving the Loss of Romantic Relationships in Young Adults: An Empirical Study of Disenfranchised Grief." *OMEGA: Journal of Death and Dying* 30, no. 4 (1995): 269–81.

Saffrey, Colleen, and Marion Ehrenberg. "When Thinking Hurts: Attachment, Rumination, and Postrelationship Adjustment." *Personal Relationships* 14, no. 3 (2007): 351–68.